둥지 밖으로 나온 동물건축가

둥지 밖으로 나온 동물건축가

펴낸날 2003년 5월 20일 초판 1쇄
지은이 박태순
펴낸이 김진수
펴낸곳 도서출판 **잉걸**
　　　　　등록 : 2001년 3월 29일 제15-511호
　　　　　주소 : 서울시 관악구 신림8동 1667 신대동 빌딩 302호 (우 151-903)
　　　　　전화 : 02) 855-3709
　　　　　전자우편 : ingle21@naver.com

■ 책값은 뒤표지에 있습니다. 잘못된 책은 바꿔 드립니다.

둥지 밖으로 나온

동물건축가

박태순 지음

도서출판

잉걸

2003

아름다운 집을 짓기 위해 노력하는
모든 동물을 위해

차례   둥지 밖으로 나온 동물건축가

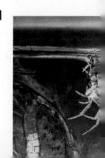

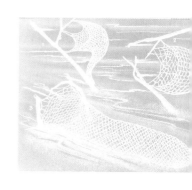

시작하는 글

　사전에서 건축가란 말을 찾아보면 '집짓는 일과 관련된 일에 전문적인 지식과 기술을 지닌 사람'이라고 되어 있습니다. 이런 점에서 사실 저는 건축에 대해 전문적인 지식도 없고 이런 일을 해본 경험도 없습니다. 아마 건축과 관련해서는 학교 다닐 때 용돈을 마련하기 위해 공사판에 막일꾼으로 서너 차례 나가본 것이 전부일 것입니다.

　집에 대한 관심이 싹튼 것은 엉뚱하게도 제가 몇 해 동안 숲 속에서 거미와 거미줄을 연구할 때부터였습니다. 거미에게 거미집은 먹이를 잡기 위해 쳐놓은 먹이망만이 아니었습니다. 거미집은 알과 새끼들을 키우는 육아방 역할을 하기도 하고, 어떤 때는 말벌들도 떨게 만들 수 있는 안전장치이기도 했습니다. 우리가 사는 집과 같이 말입니다. 그러나 다른 무엇보다 저를 매료시킨 것은 거미의 집짓는 모습이었습니다. 논문을 쓰기 위해 시작한 거미집 관찰이 어느새

감동으로 변하고 감동은 다시 살아있는 것에 대한 경외심으로 변하였습니다. 거미는 아무도 관심을 가져 주지 않는 이른 새벽에 그렇게 열심히 아름다운 집을 만들고 있었습니다. 좀더 정확히 말하면 적어도 3억년 이상 동안 그렇게 자연 속에서 건축가로 살아왔습니다. 거미집에 대한 연구가 계기가 되어 다른 동물의 집짓기에도 관심을 갖게 되었습니다. 집 없이 사는 동물들도 많은데 집을 짓는 동물들은 어떤 이유 때문에 집을 만드는 걸까? 그들이 만든 집은 고급 아파트에 해당되는 것일까, 아니면 허름한 초가집에 불과한 것일까? 동물들이 만드는 집은 우리가 만든 집과 어떤 차이가 있을까? 침팬지가 나무위에 지은 둥지와 열대 원주민이 나무위에 만든 집과는 어떤 관련이 있을까? 이런 궁금증이 꼬리에 꼬리를 물고 일어났습니다. 이런 관심과 호기심이 동물의 건축에 대한 연구로 커져갔습니다. 아직 연구는 끝나지 않았지만 지금까지 연구한 몇몇 동물의 집짓는 내용을 소개하고 싶었습니다.

이 책은 땅위나 땅속, 나무위, 물속에 집을 짓고 사는 동물들의 집짓기를 소개하고 있습니다. 그러나 이 책에 소개된 내용은 실제 자연에서 일어나는 일의 아주 작은 부분에 불과합니다. 더 많은 내용을 책 속에 담지 못한 것은 필자의 지식에 한계가 있기 때문이기도 하고, 자연에서 일어나는 일들에 대해서 사람들이 아직 모르는 것이 많기 때문이기도 합니다.

이 책에 담긴 내용의 많은 부분은 필자가 직접 자연에서 관찰하고 연구한 내용이 아닙니다. 앞서 말한 것과 같이 필자가 동물의 건축에 관하여 직접 체험한 것은 3~4년간 숲 속에 들어가 거미와 거미집에

관하여 연구한 것이 전부입니다. 필자보다 훨씬 오래전에 '동물의 건축학'이라는 책을 쓴 폰 프리쉬(von Frish)를 비롯하여 많은 학자들이 동물들의 집짓기에 깊은 관심을 보여 왔고 많은 연구를 해왔습니다. 이 책에 들어있는 내용들은 대부분 이런 연구자들에 의해 이미 밝혀진 것들입니다. 또한 이 책 속에 필자의 특별한 주장이나 관점이 들어 있는 것도 아닙니다. 필자는 선배 연구자들이 수없이 많은 어려움을 이겨내며 자연의 신비에 접근했던 내용을 정확히, 그리고 가능하면 쉽고 생생하게 전달하고자 노력한 것뿐입니다.

이 책은 모두 6개의 장으로 구성되어 있습니다. 첫 번째 장은 동물들의 종류에 관계없이 일반적으로 적용할 수 있는 내용을 소개하고 있습니다. 동물들은 왜 집을 지을까요? 그리고 집짓는 과정에는 어떤 원리가 작용할까요? 두 번째에서 여섯 번째 장은 여러 종류의 동물이 지은 집의 모양과 이런 집을 만드는 과정을 소개하고 있습니다. 두 번째 장은 실로 집을 짓고 사는 동물들의 이야기를 담았습니다. 거미, 천막나방의 애벌레, 날도래 등이 여기에 속합니다. 세 번째 장은 거대한 도시를 만드는 도시 건축가 개미와 흰개미의 집짓기를 비롯하여 벌과 말벌들의 집을 소개하고 있습니다. 네 번째 장은 다양한 종류의 새가 땅위나 땅속, 나무위, 물위, 벼랑위 등지에 지은 여러 종류의 둥지를 소개하고 있습니다. 다섯 번째 장은 포유동물들이 지은 집을 소개하고 있습니다. 두더지나 오소리처럼 땅속에 굴을 파고 사는 동물도 있고, 비버나 사향쥐처럼 물속이나 물가에 집을 짓는 동물도 있습니다. 마지막 장은 사람과 가장 가까운 것으로 알려진 대형유인원의 집짓기를 소개하고 있습니다. 이들이 둥지를 만드는 과정은 정해진 프로그램으로 고정된 것이 아니라 환경의 변화에 따라 많은 부분이 창조적이고 능동적으로 이루어지고 있다는 내용을 담고 있습니다. 또한 침팬지나 고릴라가 짓는 땅위 둥지는 초기인류의 오두막과 진화적인 관련이 있는 것이 아닐까하는 최근의 논란을 소개하고 있습니다.

이 책에 담은 저의 소망이 있다면 어린이나 어른이나 이 책을 통해서 자연에 대한 호기심이 더 커졌으면 좋겠다는 것입니다. 호기심이 자연에 대한 탐구와 상상력의 원천이 되기도 하고, 무엇인가를 사랑하게 하는 동기도 되니까요.

이 책이 만들어지기까지 많은 분의 도움이 있었습니다. 저에게 살아 있는 것들의 소중함과 그 아름다움을 볼 줄 아는 눈을 갖게 해주신 스승 서울대학교 최재천 교수님께 먼저 감사를 드립니다. 더불어 저에게 핵심적이고 실질적인 정보를 제공해주고 격려와 지지를 아끼지 않았던 케임브리지대학교의 동물학과 클러턴 브록 (Clutton Brock) 교수님과 실험실 동료들, 동물의 건축에 대하여 저자 이상으로 열정을 갖고 계시고 손수 삽화를 그려주신 유원재 교수님께 특별히 감사드립니다. 저의 보잘것없는 제안을 기꺼이 받아주시고, 오랜 시간을 기다리며 힘과 용기를 보태준 도서출판 잉걸 김진수 대표께 진심으로 감사드립니다. 마지막으로 고된 일상 속에서도 항상 아름다운 미소로 저를 위로하고 기다려준 사랑하는 아내에게 이 작은 선물을 드립니다.

2003년 봄이 오는 길목에서
박태순

1장
다양한 종류의 집

동물건축가의 정교한 건축술

　사람이 지구상에 있는 유일한 건축가는 아닙니다. 사람은 가장 뛰어난 건축가 집단에 속할지도 모르지만 지구상에서 가장 최근에야 건축가 대열에 참여하게 되었습니다. 사람이 지구상에 나타나기 훨씬 오래 전부터 동물들은 자신의 집을 짓고 살아왔습니다. 어떤 동물들은 집의 수준을 넘어 큰 도시를 만들고 살아왔습니다.

호랑이 굴

　사람들은 아주 오랜 옛날부터 비나 눈, 추위로부터 자신을 보호하고 맹수들의 공격을 피할 수 있는 장소가 필요했습니다. 처음에는 집이 아니라 침팬지나 고릴라처럼 주변에 있는 나무나 풀들을 이용해 하룻밤을 지낼 임시거처를 만들거나, 동굴과 같이 자연적으로 만들어진 공간을 이용했을 것입니다. 그러다 점차 주변에서 쉽게 구할 수 있는 소재를 이용하여 아주 단순한 형태의 집을 짓고 살았을 것입니다. 집을 짓는 기술이 계속해서 후손에게 전해지고 새로운 재료가 발견되면서 집짓는 기술은 더욱 발전했을 것이고 집의 모양과 구조도 다양해졌을 것입니다. 사실 집짓는 기술은 사람이 이 지구상에 출현한 것과 동시에 생겨난 것이라고 볼 수 있을 것입니다.

사람들은 동물들의 신기한 행동을 보면, 그들도 우리처럼 뛰어난 지능이 있어서 부모나 동료들로부터 생활에 필요한 것을 배워서 알게 되는 것인지, 날 때부터 이미 몸속에 무엇인가 프로그램이 되어 있어서 일정한 때가 되면 저절로 그런 행동이 나타나는 것인지에 대해 의문을 갖게 됩니다. 학문적으로는 이와 관련해서 너무나 많은 것들이 밝혀져 이

원시인류가 살던 동굴

런 문제가 더 이상 의문거리가 되지 않지만, 누구나 쉽게 인정할 수 있는 것은 많은 동물이 오랜 진화과정을 통해 '매우 정교한 건축술'을 갖게 되었다는 점입니다. 더불어 많은 연구를 통해 이들의 집짓는 과정이 매우 '경제적'이라는 사실이 밝혀졌습니다. 동물들이 집짓는 것을 자세히

살펴보면 종에 따라 기본 골격은 일정하지만 그렇다고 상황이나 서식환경에 관계없이 집을 짓는 것은 아닙니다. 아파트 베란다에 집을 짓는 황조롱이는 숲 속에 사는 황조롱이가 집을 지을 때와는 사뭇 다른 재료를 이용하여 집을 짓습니다. 집의 구조에도 차이가 있습니다. 생물은 환경에 일방적으로 반응하는 존재라기보다는 살아남고, 또 번식을 하기 위해 변화무쌍한 환경에 '자신을 맞춰 가는' 한편, '환경을 바꾸기도 하는' 존재라고 봐야할 것입니다.

동물건축가들은 사람처럼 그림이나 청사진을 가지고 집을 짓는 것은 아닙니다. 그들의 뇌 속에 이미 치밀한 계획과 청사진이 들어 있습니다. 이런 계획을 현실에 맞게 적용하는 것입니다. 이런 건축 계획은 지난 수백만 년 동안 부모로부터 자식에게로 이어져 왔습니다.

아주 간단한 집 ― 게가 소라껍질을 집으로 이용하고 있습니다.

동물들 역시 사람처럼 집을 짓고 삽니다. 모든 동물이 집을 짓는 것은 아니지만 많은 동물이 집을 짓고 삽니다. 동물의 종수가 많은 만큼이나 이들이 짓는 집의 형태도 가지각색입니다. 달팽이나 바다에 사는 굴은 자신의 몸 일부를 집으로 활용하고, 거미는 자신의 몸에서 만들어진 물질을 재료로 해서 집을 짓고 살아갑니다. 그러나 보다 많은 동물은 주변에 있는 재료나 환경을 이용해서 피난처를 만들고 자식을 키울 보금자리를 만듭니다. 곰, 오소리, 마멋과 같은 동물들은 날카롭고 강한 발톱을 이용해서 주변에 굴을 파고 삽니다. 이들의 몸이 곧 집을 짓는 도구이고, 집을 부드럽고 따뜻하게 하기 위해 나뭇잎 등을 보온재로 이용합니다. 그러나 어떤 동물들은 우리가 알고 있는 것보다 훨씬 다양한 재료와 복잡한 과정을 거쳐 집을 짓습니다. 벌이나 제비는 집을 짓기 위해 물어온 재료에 여러 종류의 타액을 섞어 강하고 부드러운 신소재를 만듭니다. 비버는 나뭇가지와 진흙을 이용해서 강이나 호수 한가운데 다양한 기능을 갖는 복합식 건물을 만들어냅니다.

단독주택·연립주택·아파트

사람들은 단독주택·연립주택·아파트 등 다양한 주거 공간에서 생활을 합니다. 동물들 또한 다양한 형태의 주거공간에서 생활합니다. 많은 종류의 새는 주로 단독주택이라 할 수 있는 둥지에서 가족 단위로 생활을 합니다. 따개비나 굴과 같은 연체동물이나, 히드라와 말미잘 같은 강장동물은 바닷물의 깊이에 따라 죽 열을 지어서 꼭 연립주택 같은 형태의 집을 짓고 살아갑니다. 집은 가깝게 붙어있지만 사는 것은 혼자서 살아갑니다. 그러나 개미나 꿀벌, 흰개미

에스키모의 얼음집 — 단독주택

와 같이 집단을 이루고 살아가는 동물의 경우에 이르면, 연립주택의 벽은 모두 허물어지고 공동생활을 하게 됩니다. 그러나 그 사회는 그냥 모여만 있는 집단이 아닙니다. 각자에게는 해야 할 일이 정해져 있습니다. 어떤 개체는 평생 알 낳는 일만 계속하고 어떤 개체는 알을 보호하고 육아를 담당하거나 먹을거리를 조달하는 일을 하고, 또 어떤 개체는 집을 지키고 적과 싸우는 일을 주로 하게 됩니다. 이들이 만드는 집은 이런 사회를 유지하는 데 적합하게 만들어져 있습니다. 보육실과 경비실이 있고, 왕실^(여왕이 머무는 곳), 산란실이 있고, 저장창고와 쓰레기 창고가 있습니다. 종에 따라서는 훨씬 세분화 된 것들도 있습니다. 사회가 가장 짜임새 있게 만들어진 개미에 이르면, 집의 구조와 규모는 '집'의 수준을 훨씬 뛰어넘게 됩니다. 때때로 수백만 마리의 개미들이 수천수만 평의 대지를 점거하고 그 지하에 복잡한 도로와 다양한 기능을 갖는 시설들을 갖추고, 밖에서 물고 온 먹이를 가공하는 공장을 만들거나 내부에 농장을 만들기도 합니다. 이쯤 되면 이건 집이 아니라, 하나의 계획도시라고 봐도 될 것입니다.

질 좋고 값 싸고

동물들이 집을 짓는 곳은 하늘·땅·바다 모두입니다. 제한이 없습니다. 어떤 새들은 나뭇가지에 집을 짓고, 어떤 동물들은 땅에 굴을 파거나 덤불 등을 이용해서 집을 짓고, 물고기는 물속에 집을 짓습니다. 이들은 대체로 먹이를 구하기 쉽고, 포식자로부터 몸을 보호하고 자식을 키우기에 적합한 장소를 선호하지만 장소가 꼭 정해져 있는 것은 아닙니다. 전봇대 끝이 까치의 둥지 틀 장소가 되기도 하고 농가의 헛간이 쥐나 오소리의 집터가 되기도 합니다. 사람과 마찬가지로 동물들도 집을 지을 때 많은 것을 고려합니다. 안전하고 편안한 장소를 좋아하긴 하지만 경제적으로 너무 비싼 집이면 곤란합니다. 경제적으로 비싸다는 의미는 집지을 장소나 재료를 찾기가 너무 힘들다는 것입니다. 그렇다고 아무 곳에나 집을 지을 수는 없습니다. 우리들 집처럼 동물들도 자신이 지은 집이 쉽게 무너지지 않도록 튼튼하고 방수·방설·방풍이 잘되도록 집을 짓습니다. 또한 포식자로부터 자신을 보호할 수 있는 위치에 집을 짓습니다. 이러한 집들은 겨울에 따뜻하고 여름에 시원해야 하며, 그 주거동물의 몸무게를 충분히 견딜 수 있어야만 합니다. 건축 재료는 옮기기 쉽고 주변에서 손쉽게 구할 수 있고 가벼운 것이어야만 합니다. 그리고 집 가까이에 먹을 것이 풍부해야 하고 적들로부터는 될 수 있으면 멀리 떨어져 있어야 합니다. 필요할 때 집을 넓히거나 고치기 쉬워야 합니다. 이러한 집은 그 거주자들의 다양하고 변화무쌍한 필요에 부합할 수 있어야 합니다. 모든 동물 주거지의 최고 목적은 어린 새끼들에게 안전한 은신처를 제공하는 것입니다. 새끼들이 둥지를 떠날 수 있을 만큼 자랄 때까지 그들을 노리는 침입자들로부터 보호할 수 있어야 합니다. 다른 무엇보다 새끼를 낳고 안전하게 기를 수 있는 공간이 동물들에게 중요하고도 필요한 것입니다.

결혼 예물

요즘 사람들은 옛날 농사지을 때와는 달리 이사를 자주

푸른풍조 수컷은 단지 암컷에게 선물하기 위해 집을 짓습니다.

다닙니다. 여러 가지 이유로 집을 옮기지만, 아무튼 사람은 평생 집을 필요로 하고 평생 집에서 삽니다. 이런 점에서 동물들과는 차이가 있습니다. 동물 가운데는 번식기와 같이 특별한 때만 집을 짓고 그 이외 시간에는 떠돌이로 살아가는 동물도 많으며, 평생 집 없이 사는 동물도 있습니다. 고래나 물고기, 들소나 많은 곤충은 평생을 집 없이 살아갑니다. 집은 없지만 일정한 유역에서 삽니다. 서식처는 있지만 집은 아닙니다. 어떤 동물들은 번식기와 자식을 낳아 키우는 동안만 집을 짓고 삽니다. 그 일이 끝나면 집을 버리고 다른 곳으로 갑니다. 그러나 독수리처럼 30년 이상 대물림을 하면서 같은 장소에 오랫동안 집을 짓고 사는 동물도 있습니다. 푸른풍조(Bowerbird)처럼 자신이 살기 위해 집을 짓는 것이 아니라 짝을 유혹하기 위해 모델하우스로 집을 짓는 동물도 있습니다. 새끼를 낳아 기르는 암컷만이 집을 짓는 것도 아닙니다. 큰가시고기는 평상시에는 집 없이 살다가 번식기가 되면 수컷이 집을 지어 암컷을 유혹하고 그곳에서 자식을 키웁니다. 오소리나 어떤 거미들은 스스로 집을 짓기보다 남의 집을 빼앗아 사는 것을 더 좋아합니다.

큰가시고기는 수컷이 둥지를 만들고 암컷을 유혹해 알을 낳게 합니다.

2장
실로 만든 집

산 입에 거미줄치랴 ...
이 기회에 하이테크 건축을 배워 두자!

실로 집짓는 건축가들

그들은 세상에서 가장 놀라운 건축가들 가운데 하나입니다. 그들은 집을 짓고 먹이를 잡고 알집을 만들기 위해 매우 강하고 섬세한 실을 이용하는데, 이 실을 스스로 만들어 냅니다. 거미는 세상에서 가장 잘 알려진 실 만드는 동물입니다. 실은 거미에게 너무 중요해서 실이 없이는 단 하루도 살아갈 수 없습니다. 거미는 이사를 하거나, 집을 짓고, 먹이를 사냥하고, 새끼를 보호할 때도 어김없이 실을 사용합니다. 거미와 사촌 관계인 전갈과 진드기는 깨지기 쉬운 그들의 알을 감쌀 때 실을 사용합니다. 튼튼한 실로 알을 감싸서 알이 으깨지거나 상처를 입지 않도록 하는 것입니다. 지네나 노래기도 알을 낳으면, 실로 알을 감싸서 알을 보호합니다. 노래기 가운데는 조금 더 수고스럽게 알이 깨어 나올 때까지 알을 잡아둘 둥지를 만드는 종류도 있습니다.

나방이나 나비는 실로 된 고치에서 나옵니다. 애벌레는 일정시간이 지나면 몸에서 분비되는 실로 자신을 감습니다. 이렇게 해서 만들어지는 것이 고치입니다. 고치 안에서 애벌레는 다른 동물로부터 안전하게 보호가 되면서, 몸이 서서히 변하여 마침내 어른으로 자라게 됩니다. 어떤 애벌레는 그들이 살고 있는 곳에 방수용 천막을 칩니다. '누에'도 실을 만드는 애벌레입니다. 누에가 만드는 고치는 비단 재료인 명주실을 제공하게 됩니다. 날도래 애벌레는 실을 이용해서 물속에 먹이 잡는 그물까지 만듭니다.

그러나 안타깝게도 가장 뛰어난 기술을 가진 이들 건축가들이 사람들로부터 별 관심을 끌지 못하거나 무시를 당해왔습니다. 거기에는 크게 두 가지 이유가 있었습니다. 하나는 많은 사람이 실 만들기 명수인 거미를 두려워하기 때문입니다. 그러다 보니 이들이 하는 일들을 자세히 관찰하고 연구하려 들지 않았습니다. 또 하나는 이들 실로 집짓는 동물들은 대체로 몸집이 작고, 주로 후미진 곳에서 생활을 하기 때문에 발견하기 어렵고, 또 잘 보이지 않는 장소에 집을 짓기 때문입니다. 여러분이 이들이 어디서 어떻게 일하는지 관심을 갖고 자세히 관찰해 본다면 아마 세상에서 가장 아름다운 건축물을 만나게 되는 행운을 얻을 것입니다. 사실 이 동물들이 작아서 그렇지 여러분이 있는 학교·집·직장·마을 뒷산에서 아주 쉽게 발견할 수 있습니다.

건축의 명수, 거미

거미집과 거미줄

거미줄은 특별한 물질입니다. 그 강도만 봐도 알 수 있습니다. 만약 거미줄의 굵기가 연필 정도쯤 된다면 초고속으로 날아가는 보잉 747 여객기를 멈추게 할 수 있습니다. 첨단과학이 발달한 오늘날에도 우리는 아직 이런 물질을 만들어 내지 못하고 있습니다. 거미의 배에는 여러 개의 분비샘이 있는데 이곳에서 거미줄을 만드는 재료들이 만들어집니다.

대략 7개의 분비샘이 알려져 있지만, 분비샘의 수는 거미의 종류에 따라 차이가 있습니다. 각각의 분비샘에서는 특별한 목적을 가진 실의 원료가 만들어집니다. 예를 들어 어떤 분비샘은 거미집^(거미줄이 한 가닥의 실이라면 거미집은 여러 종류의 거미줄로 만든 거미의 집)에서 거미가 다니는 길을 만드는 데 필요한

거미의 겉모습

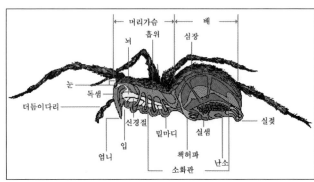

거미의 속모습

줄을 만듭니다. 거미줄을 볼 때 자전거 바퀴의 살처럼 가운데서 바깥쪽으로 뻗어나간 직선으로 된 줄(방사실)입니다. 이 줄은 끈적거리지 않아 거미가 움직이는 데 편리합니다. 어떤 분비샘은 끈적이는 거미줄(포획실)을 만들어 먹잇감이 잘 달라붙도록 합니다. 또 먹이를 캡슐 모양으로 돌돌 마는 데 쓰이는 줄을 만드는 분비샘, 거미의 알집을 만드는 데 필요한 줄을 만드는 분비샘도 있습니다.

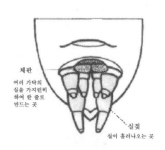

체판
여러 가닥의
실을 가지런히
하여 한 줄로
만드는 곳

실젖
실이 흘러나오는 곳

거미줄 재료인 실이 흘러나오는 실젖

거미의 배 끝마디를 돋보기로 자세히 살펴보면 실이 만들어지는 '실젖'을 볼 수 있습니다. 거미는 보통 3쌍의 실젖을 갖고 있지만, 어떤 거미들은 1쌍, 어떤 거미들은 3쌍 이상을 갖고 있기도 합니다. 그런데 거미의 실젖에는 사람의 젖꼭지와 비슷하게 작은 구멍이 수없이 많이 있습니다. 분비샘에서 만들어진 실의 재료들이 이 작은 구멍으로 흘러나옵니다. 하나의 실젖에는 2개에서 많게는 50,000개까지 작은 관들이 모여 있습니다.

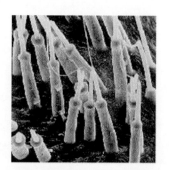

실젖을 확대해서 보면 실젖에는 아주 작은 구멍이 수없이 많이 있습니다.

정상인의 눈은 10cm 거리에서 직경이 $25\mu m$ $^{(1\mu m는}$ ^{1백만분의} $^{1m)}$인 물체를 알아볼 수 있다고 합니다. 거미줄의 평균 굵기는 $0.15\mu m$고 아주 가는 것은 직경이 $0.02\mu m$ 정도 되는 것도 있습니다. 따라서 우리가 거미줄을 볼 수 있는 것은 거미줄이 햇빛에 반사되었을 때뿐입니다. 물론 거미줄에 따라서는

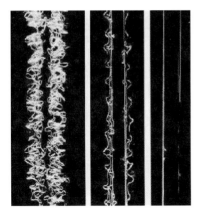

한 가닥 같아 보이는 거미줄도 현미경으로 보면 수십, 수백 가닥의 가는 실로 이루어져 있습니다.

무당거미가 만든 거미줄같이 아주 굵어서 1m 이상의 거리에서 볼 수 있는 것도 있습니다.

거미는 이 가는 줄로 날아가는 벌이나 파리를 잡습니다. 거미줄은 튼튼할 뿐 아니라 아주 탄력적입니다. 이런 특성 때문에 우리가 알고 있는 어떤 물질보다 강합니다. 같은 무게인 경우, 거미줄의 강도는 강철의 1.6~2.7배나 됩니다.

거미줄은 어떤 물질로 만들어지는 것일까요? 거미줄은 30,000달톤(Dalton)^{(원자 질량의 단위. 1달톤은 산소} 원자 질량의 1/16) 정도의 분자량을 갖는 단백질로 만들어집니다. 분비샘에서 나온 여러 종류의 분비물들은 서로 섞이면서 300,000 달톤 정도의 분자량을 갖는 피브로인(Fibroin)이라는 고분자가 됩니다. 이런 과정이 어떻게 일어나는지는 아직 정확하게 밝혀지지 않았습니다. 다른 단백질과 달리 단백질로 만들어진 거미줄이 곰팡이나 박테리아에 의해 분해 되지 않는 이유는 무엇일까요? 사람들은 단백질을 오래 보관하기 위해서 삶거나 소금에 절이기도 하고, 염색을 하거나 산을 첨가하는 방법을 개발해냈습니다. 거미 역시 자신이 만든 단백질을 오랫동안 썩거나 상하지 않게 하는 방법을 개발해왔습니다. 거미줄에는

거미줄은 여러 종류의 단백질로 구성 되어 있습니다.

내구성을 높일 수 있는 피롤리딘(pyrolidin), 수산화인산칼륨(potassium hydrogen phosphate), 질산칼륨(potassium nitrate)이라는 3가지 물질이 들어 있습니다. 피롤리딘은 염료성 식물과 식물의 독에서 많이 발견되는데 물을 잘 흡수하는 성질이 있고, 거미줄이 쉽게 마르지 않도록 해줍니다. 피롤리딘은 먹이를 잡는 거미줄의 아교질 성분에서 많이 발견됩니다. 수산화인산칼륨은 거미줄을 산성으로 만들어서 곰팡이나 박테리아가 자라지 못하게 하는 역할을 합니다. 산도가 높아지면 이런 균류들이 분해가 되어 살지 못하게 됩니다. 쉰 우유에서 일어나는 것과 같은 현상입니다. 질산칼륨은 소금과 같은 역할을 해서 역시 박테리아와 곰팡이가 성장하지 못하게 합니다.

아침 햇살을 받아 반짝이는 거미집

거미줄은 뛰어난 탄성, 즉 잘 늘어나는 성질을 갖고 있습니다. 거미줄은 끊어지기 전까지 30~40%나 늘어날 수 있습니다. 거미는 자신의 거미줄을 낭비하지 않습니다. 어떤 거미들은 거미집을 새로 짓기 전에 지난 거미집을 먹어버립니다. 거미에게 거미줄은 귀중한 자원이기 때문입니다. 그러나 거미집의 모든 부분을 먹는 것이 아니라 집의 구조를 지탱하는 주요부분은 먹지 않고 남겨둡니다. 그 위에 거미집을 새로 만드는 것입니다.

거미 건축가

거미는 실로 건축물을 만드는 명수입니다. 그들은 실로 올가미도 만들고, 문이 달린 집을 만들기도 하고, 물속에 집을 짓기도 합니다. 어린 거미들은 거미줄을 이용해서 집에서 수천 km 떨어진 곳으로 여행을 하기도 합니다. 때로는 대륙을 횡단했다는 기록도 있습니다.

땅속 거미집

먹이를 잡기 위해 땅위에 쳐놓은 거미집은 많이 보았을 것입니다. 그러나 땅속에 사는 거미가 만든 거미집을 본 사람은 많지 않을 것입니다. 땅속에 만든 집의 입구는 실로 만든 뚜껑으로 덮여 있습니다. 이 문 뒤에서 거미는 안전하게 쉬고, 먹고, 자식을 키우면서 살아갑니다.

문닫이거미

'문닫이거미'라고 알려진 거미들은 땅속에서 훌륭하게 일을 하는 기술을 갖고 태어납니다. 이들 문닫이거미의 턱 끝에는 써레처럼 생긴 돌기가 열을 지어 돋아 있어서 흙을 파고 흙을 모으기에 적당합니다. 땅위에서 사는 거미의 턱은 이런 돌기를 갖고 있지 않습니다.

문닫이거미는 써레처럼 생긴 턱으로 흙속에 구멍을 내면서 굴파기를 시작합니다. 그런 다음 부드러워진 흙을 굴 밖으로 퍼냅니다. 굴을 파는 동안 굴 옆면이 무너져 내리는 것을 막기 위해서 넓은 턱을 이용해 흙을 다져 줍니다. 이 건축가는 끈적끈적한 침과 흙을 섞어서 벽에 바릅니다. 벽이 더 튼튼해지고 물이 새지 않게 하기 위해섭니다. 그런 다음 부드러운 실로 집의 내벽을 채웁니다. 굴의 깊이가 5cm 정도 되면, 실로 만든 문으로 입구를 덮습니다.

문닫이거미는 종류에 따라 생김새가 조금씩 다르지만 땅속에 튜브(관) 모양의 굴을 만든 다음, 땅 표면과 같은

겉보기에는 아무 것도 없는 듯합니다. 하지만 굴문을 찾아 위로 젖혀보면 놀라운 광경이 벌어집니다. 땅속 굴에서 살고 있는 문닫이거미가 모습을 드러내는 것이죠.

높이에 뚜껑(문)을 만듭니다. 굴을 덮고 있는 뚜껑은 매우 두껍고 잘 위장되어 있으며 굴의 입구에 꼭 들어맞습니다.

땅속에서 알도 낳고 새끼도 기르는 문닫이거미

문닫이거미는 적들이 굴 안으로 들어오지 못하도록 강한 턱으로 뚜껑을 물고는 다리로 굴 벽을 잡고 뚜껑이 열리지 않게 버팁니다. 문닫이거미는 거의 집을 떠나지 않습니다. 이들은 때때로 먹이를 잡기 위해서 문을 약간 열어 놓은 채로 입구에서 끈질기게 기다립니다. 문닫이거미는 눈을 사용하기보다는 흙을 통해서 전해지는 미세한 진동으로 사냥감이 가까이 왔다는 것을 알고, 접근한 곤충의 위치까지 정확하게 읽어낼 수 있습니다. 사냥감이 문에 아주 가까이 왔다 싶으면, 순식간에 뚜껑을 열고 땅위로 뛰어올라와 곤충을 낚아채고는 쏜살같이 굴속으로 끌고 들어갑니다. 그리고 식사를 합니다.

호주 문닫이거미

호주에 사는 문닫이거미 한 종류는 집에 2개의 방을 만듭니다. 먼저 다른 문닫이거미들처럼 땅에 수직으로 튜브 모양의 굴을 만듭니다. 그런 다음 굴의 약 반 정도 되는 깊이에 옆으로 작은 방을 하나 만듭니다. 이곳이 비상시 사용할 은신처입니다. 땅 표면의 굴 입구에 뚜껑을 만든 다음, 옆방으로 통하는 입구에도 뚜껑을 만듭니다. 만약 적이 굴로 들어오게 되면, 그 거미는 은신처로 도망을 가면서 중간 뚜껑을 닫습니다. 굴 침입자는 수직으로 된 굴을 들여다보고는 거미가 없으니 그냥 떠나게 됩니다.

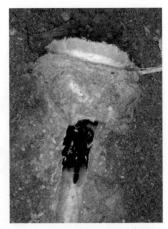

문닫이거미의 땅속 집 모양

호주에 사는 또 다른 종류의 문닫이거미는 땅속에 Y자 모양의 굴을 파고 삽니다. 땅으로 통하는 입구가 2개인 굴을 만듭니다. 굴의 한 갈래는 위로 열려 있고, 다른 갈래는 거미줄로 만든 얇은 막으로 덮여 있습니다. 적들이 굴을 잘 찾아내지 못하도록 거미줄은 나뭇잎과 잔가지, 흙으로 잘 위장되어 있습니다. 거미는 보통 Y자형 굴의 바닥에 삽니다. 만약 위험한 적들이 열린 갈래를 통해 들어오면, 이 거미는 다른 갈래의 감춰진 출입구를 통해 달아나게 됩니다.

땅속도 모자라 은신처까지 만듭니다.

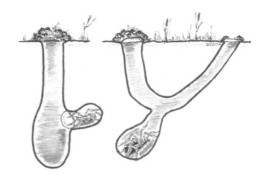

안전이 최고. 땅속 집의 모양도 가지가지입니다.

돈지갑거미

돈지갑거미는 약 200년 전 서양 여성들이 쓰던 길고 가느다란 비단 돈지갑과 이 거미가 만든 튜브 모양의 집이 서로 많이 닮았다고 해서 붙여진 이름입니다. 돈지갑거미가 시간의 대부분을 보내는 이 집은 일부가 땅위에 나와 있고 일부는 땅속에 있는 구조입니다. 이 튜브 안에서 돈지갑거미는 쉬고 먹고 자식들을 키우고, 또 사냥을 합니다.

돈지갑거미는 땅속에 얕은 구멍을 내면서 굴파기를 시작합니다. 보통은 나무 밑이나 커다란 바위 밑에서 굴파기를 시작합니다. 그런 다음 바닥에서부터 실로 줄을 칩니다. 땅위에 굴을 만들기 위해, 땅속에 파놓은 굴 옆의 나무나 바위로 2.5~5.0cm 정도 올라갑니다. 거기에 거미줄의 한쪽 끝을 붙인 다음, 땅바닥으로 내려옵니다. 줄을 단단하게 잡아당긴 후, 거미는 굴의 가장자리에 다른 한쪽 끝을 붙입니다. 줄이 어떤 다른 곳에 닿지 않았는지를 확인하면서, 거미는 굴의 가장자리에 더 많은 실을 붙입니다. 이런 방법으로 그 건축가는 실로 줄을 친 땅속 굴 위에 아주 섬세한 실로 된 튜브 집을 건설합니다.

돈지갑의 주인 ─ 돈지갑거미.

나무나 바위와 굴 주변의 땅 사이에 더 많은 줄을 연결해서 튜브를 튼튼하게 만듭니다. 일을 하면서 이 거미는 모래 알갱이, 나무나 작은 흙덩이 등을 실 가닥에 붙입니다. 이런 부스러기들이 튜브로 된 벽을 튼튼하게 만들고, 주변 환경과 잘 섞여서 잘 보이지 않게 합니다. 이제 이 거미는 적들의 눈에 잘 띄지 않고 그들의 침범으로부터 보호를 받을 수 있는 잘 위장된 집안에서 살게 되었습니다. 비록 집 바깥은 거칠고 지저분해 보이지만, 집 안쪽의 벽은 부드럽고 흰 실로 잘 싸여 있습니다.

돈지갑거미가 자라면서, 집은 땅위와 아래로 점점 길어집니다. 땅속에 있는 굴을 더 깊이 파기 위해서 굴 바닥에 있는 흙을 걷어냅니다. 그런 다음 이 흙을 땅위에 있는 튜브를 더 높이 만드는 데 사용합니다. 만약 필요한 양보다 더 많은 흙을 파내게 되면, 벽에 작은 구멍을 내서 남은 흙을 밖으로 버립니다. 그러고는 벽에 뚫었던 구멍을 실과 흙으로 다시 완벽하게 복구합니다. 새로 고친 부위를 찾는 게 거의 불가능할 정도입니다.

튜브는 점점 더 커지게 되고, 거미는 튜브를 지탱하기 위해 주변에 있는 나무와 바위에 실을 붙입니다. 튜브가 커질 만큼 커져서 거미줄을 지탱하던 주변의 나무나 바위가 더 이상 필요 없게 되면, 거미는 집의 안전은 전혀 염두에 두지 않고 연결된 줄을 제거합니다.

다 자란 미국 돈지갑거미의 집은 굴 바닥에서 튜브 끝까지의 길이가 보통 24~50cm 정도 됩니다. 그러나 30cm 정도 되는 집이 가장 흔하고, 전체 길이의 반 이상은 땅위에 있습니다. 이 거미가 다 자랐을 때의 몸길이가 2.5cm인 것을 생각하면, 이 정도의 집은 이들에게 실로 만든 궁전이나 마찬가집니다.

돈지갑거미의 사냥

돈지갑거미는 먹이를 사냥할 때조차 실로 된 튜브의 안전은 전혀 염두에 두지 않습니다. 이 거미는 집에서 편안하게 먹이를 잡습니다. 굴과 근처에 있는 나무나 바위에 붙은 줄들이 강하게 매달려 있기 때문에 아무리 작은 움직임에도 튜브가 흔들리고 진동을 하게 됩니다. 이런 줄의 움직임으로 튜브 안에 있는 거미는 곤충이 튜브 위에 있다는 사실을 알게 되고, 먹이가 어떤 위치에 있는지도 정확하게 알 수 있습니다.

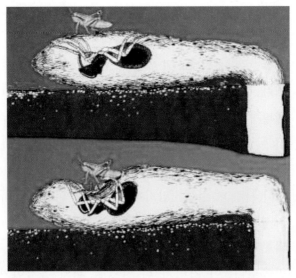

거미가 튜브 안에서 튜브 밖의 먹이가 있는 위치까지 이동을 한 다음에, 사냥이 시작됩니다. 먹이가 있는 위치에 다다르면 튜브 안에서 돈지갑 밖으로 엄니를 뻗어 곤충에게 독액을 주입합니다. 곤충이 죽으면, 먹이를 잡고 있던 엄니로 튜브에 작은 구멍을 뚫습니다. 그리고 구멍을 통해서 먹이를 끌어당기고는 땅속 굴로 끌고 갑니다. 튜브에 난 구멍은 즉각 수리하지만 어떤 경우에는 수리를 하기까지 시간이 좀 걸리기도 합니다.

물속에 지은 거미집

지구상에는 4만 종류 이상의 거미가 살고 있는 것으로 알려져 있지만, 이 가운데 오직 한 종만이 물속에 집을 짓습니다. 이 거미는 생의 대부분을 연못이나 호수, 또는 느리게 흐르는 개울에서 보냅니다.

물거미

다른 모든 거미처럼 물거미도 공기로 호흡하며 살아갑니다. 따라서 물거미가 물속에서 살기 위해서는 어디에선가 공기를 실어 와야 합니다. 공기를 얻기 위해서 이 거미는

물속은 나의 영원한 안식처 — 물거미와 물거미가 지은 집

물 표면까지 올라가서는 몸을 뒤집어 배를 물 밖으로 내밉니다. 그러면 공기가 거미의 배에 있는 잔털들에 잡히고, 거미가 물속으로 들어가면 이 공기층은 거미 몸을 감싼 커다란

공기방울이 됩니다. 이제 거미는 하루쯤 충분히 숨쉴 만한
공기를 얻게 되었습니다. 공기가 적어지면 거미는 더 많은
공기를 얻기 위해 물 표면으로 올라옵니다.

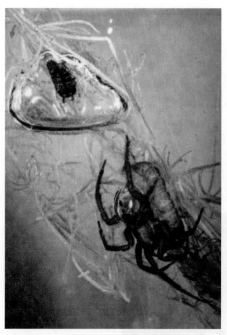
물속에 사는 곤충을 잡아 집으로 돌아가는 물거미

나중에 먹어야지……. 물속 공기방울 속에 갇힌 물거미의
먹이

　물거미는 집을 만들 준비를 하면서 물풀의 줄기에서 다른
줄기로 거미줄을 치고 거미집을 만들기 시작합니다. 거미집
은 작고 편평한 접시 모양입니다. 물거미는 접시 모양의
집을 튼튼하게 만들기 위해서 주변 식물들에도 거미줄을
붙입니다. 일단 접시 모양의 집이 만들어지면 거미집 아래

로 들어가서 몸을 싸고 있던 공기방울을 불어넣습니다. 그러면 공기가 위로 뜨면서 접시 모양의 그물이 약간 위로 올라가게 됩니다. 공기방울이 접시 모양의 거미집 아래 잘 걸려 있게 됩니다. 편평했던 접시는 낙타 등처럼 가운데 가 볼록하게 나온 모양이 되었습니다. 물거미는 다시 물 표면으로 올라가 몸을 뒤집어 배 주변의 털에 공기를 달고 돌아옵니다. 두 번째 공기방울이 첫 번째 것과 합쳐져서 접시 모양의 거미집이 위로 더 솟아오르게 됩니다. 거미가 더 많은 공기방울을 덧붙이면서 접시 모양의 거미줄은 위가 볼록한 둥근 천장형태가 됩니다. 물거미는 커다란 공기방울 을 만들어 둥근 천장처럼 생긴 거미집 아래에서 삽니다. 이 작은 집은 지름이 2.5cm에 불과합니다. 여기서 물거미는 먹고 자고, 교미를 합니다.

두 개의 작은 공기방울

물거미는 보통 때는 하나로 된 방에서 살지만 새끼를 키울 때가 되면 방을 두 개로 나눕니다. 방을 만드는 방법은 하나를 만들 때와 같습니다. 그러나 어미 거미는 좀 특별한 노력을 합니다. 하나의 방을 윗방과 아랫방으로 나누기 위해 먼저 실로 칸막이를 만든 다음, 각방에 공기를 채웁니다. 그러고는 윗방에 알을 낳아 집의 다른 부분과 분리가 되게 밀봉을 합니다.

알에서 깨어난 어린 거미는 육아방에 쳐놓았던 칸막이를

뜯어내고 어미의 집을 떠납니다. 집이 없는 이 어린 거미는 연못이나 호수, 시내 바닥에 있는 달팽이 껍데기 등에서 삽니다. 이들 역시 살아가기 위해서는 물 표면에서 공기를 새 집으로 달고 와야 합니다. 그들은 어른이 되면서 자신의 실과 공기방울로 된 멋진 집을 만들게 됩니다.

거미가 만든 함정

거미집은 거미가 먹이를 잡기 위해 쳐놓은 덫입니다. 여러분은 방안 구석진 곳이나 담벼락에서 둥근 거미집, 또는 그물처럼 얼기설기 쳐진 거미집을 보았을 것입니다. 이 두 가지 종류가 우리가 가장 흔하게 보는 거미집이지만, 사실 거미집의 종류는 아주 많습니다. 어떤 거미집은 깔때기 모양을 한 것도 있고, 사다리 모양, 사발 모양으로 생긴 것 등 가지각색의 신기한 형태를 띠고 있습니다.

불규칙 그물

'불규칙 그물'은 거미집 가운데 많이 발견되는 종류입니다. 오래된 헛간이나 버려진 집, 또는 잘 가꾸어진 집에서도 발견됩니다. 지구상에 있는 거미 가운데 2,500종류 이상의 거미가 이런 형태의 집을 만듭니다. 이 집의 건축가들은 몸이 대체로 작고 세계 곳곳에서 살고 있습니다.

처음 불규칙 그물을 보면 지저분하고 어수선하게 보이지만, 이 거미집은 매우 잘 설계되어 있습니다. 어떤 불규칙 그물은 매우 크고 모양은 천막처럼 생겼는데, 천막의 위쪽

아침 이슬에 반짝이는 불규칙 그물

끝은 나뭇가지에 걸어 놓고 아래쪽은 낮은 나뭇가지를 이용하여 넓게 펼친 형태입니다. 이런 거미줄을 만드는 거미는 끈적이지 않는 거미줄을 서로 연결하기도 하고 주변의 다른 식물에 붙이기도 합니다. 점점 많은 줄이 여러 방향으로 연결되면서 거미집의 모양이 만들어집니다. 집이 완성되

면, 거미는 천막에서 땅바닥으로 끈적거리는 줄을 팽팽하게 연결해 놓습니다. 거미의 믹이들은 이 끈적이는 줄에 잡히는 것입니다. 불규칙 그물은 땅에 기어 다니는 곤충을 잘 잡을 수 있게끔 설계되어 있습니다. 만약에 곤충이 우연히 끈적거리는 줄을 한두 가닥이라도 건드리게 되면, 그때부터 벗어나려고 애를 쓰게 되고 그 순간 천막과 땅바닥에 팽팽하게 연결되어 있던 끈적끈적한 줄들이 탁 끊어집니다. 마치 한쪽으로 잡아당긴 고무줄을 놓을 때처럼 거미줄은 빠르게 수축하게 되고 곤충은 땅에서 끌려 올라가 거미가 줄을 당겨서 식사를 할 때까지 거미줄에 매달려 있게 됩니다.

물위에 덫을 놓는 거미

물 표면에 집을 짓는 거미도 있습니다. 이 거미는 흐르는 물 바로 위에 집을 짓습니다. 이 거미들은 호수나 진흙 웅덩이같이 조용한 물이 아니라 개울처럼 흐르는 물의 표면에 거미집을 짓습니다. 이런 거미집을 만드는 것은 생각만큼 어렵지 않습니다. 두 단계만 거치면 됩니다.

먼저 거미는 개울 위로 팔을 뻗은 잔 나뭇가지나 이파리 사이를 3~4개의 실을 이용해서 서로 연결합니다. 이 강한 기초실은 길이가 2.5~15cm 정도고 물위에서는 4cm 정도 떨어져 있습니다. 물에 빠진 사람을 구하기 위해 놓는 구명줄과 비슷합니다. 이 거미줄은 끈적이지 않습니다.

기초가 되는 줄이 연결되면, 이 줄에 먹이를 잡을 끈끈한

첫 번째 거미줄이 수평으로 물 건너 바위에 연결되었습니다.

때에 따라 나뭇가지에 연결한 수직 거미줄이 수평 거미줄(기초실)을 지지해서 물속에 빠지지 않게 합니다.

물위에 날아다니는 곤충을 잡기 위해 수직으로 끈끈한 거미줄을 덧붙여 드리웁니다.

줄을 아래로 향하도록 매답니다. 이 줄은 물 표면을 향하고 있습니다. 어떤 때는 기초실에 한 가닥만을 만들지만 때에 따라서는 일정한 간격을 두로 여러 가닥을 만듭니다. 물 표면에 만든 이 거미집은 생김새가 빗이나 갈퀴를 닮았으며 하는 작용도 비슷합니다. 물 표면을 가로질러 움직이는 곤충들이 이 덫에 걸리게 됩니다. 끈적이는 거미줄에 걸린 곤충들은 도망을 가기 위해서 바동거리지만, 바동거릴수록 옆에 있는 다른 끈끈이 줄을 건드려 빠져나가기 어렵게 됩니다. 정작 거미는 낚시질을 하는 사람같이 기초실의 한쪽 끝에서 기다리고 있습니다. 줄이 팽팽하게 당겨지는 느낌이 들면, 먹이를 향해서 빠르게 움직입니다.

이렇게 신기한 집을 만드는 데는 4분이면 충분합니다. 그러나 물위에 만든 거미집은 그리 오래가지 않습니다. 개울물의 높이와 흐름이 계속 변하기 때문에 쉽게 망가집니다. 그러다 보니 어떤 거미들은 단 20분 만에 이런 집을 3번씩이나 다시 짓기도 합니다.

왜 끈끈이 줄은 물에 달라붙는가?

물위에 집을 만든 이 거미가 기초실에 붙여놓은 끈끈이 줄은 물 표면에 붙어 있습니다. 끈끈이 줄이 어떻게 해서 물 표면에 붙어있는 것일까요? 얼마 전까지만 해도 이것에 대해 알려진 것이 별로 없었습니다. 그런데 최근 중앙아메리카 열대림의 개울에서 이들이 발견되면서 실을 물 표면에 붙이는 방법 등에 대하여 새로운 사실이 밝혀지고 있습니다. 물 표면에서 분자들은 서로를 밀면서 매우 미세한 막을 만들고 있습니다. 이런 막을 표면막이라고 부르는데, 이런 표면막 때문에 아주 작고 가벼운 곤충들은 그 위를 걸어다닐 수 있게 됩니다. 이런 표면막은 이 거미에게 다른 이유 때문에 중요합니다. 이 거미들이 수직으로 늘어놓은 거미줄이 물 표면에 있는 이런 막에 붙게 되는 것입니다.

접시 그물

접시 모양의 거미집을 만드는 것으로 알려진 작은 거미들은 세계에 넓게 분포하고 있습니다. 우리는 그들의 아름다운 집을 덤불이나 수풀에서 쉽게 발견할 수 있습니다. 특히

접시 모양을 닮은 거미집

이른 아침, 실로 엮은 거미줄에 이슬이 맺힌 시간이면 이들 거미집을 가장 쉽게 찾을 수 있습니다.

접시 모양의 집을 짓는 거미 가운데는 사발을 뒤집어 놓은 것 같은 형태의 둥근 지붕 거미 집을 만드는 것들도 있습니다. 이 둥근 지붕의 꼭대기는 거미 집 위의 잔 나뭇가지 등에 붙어 있는 많은 실들에 의해 치켜올 려져 있습니다. 이렇게 둥근 지 붕을 달아매고 있는 미로같이 복잡한 실타래 속으로 곤충이

밥그릇을 엎어놓은 것 같은 모양의 거미집

들어가게 되면, 빠져나오는 것은 거의 불가능합니다. 접시 형태의 그물에서는 끈끈한 줄을 거의 사용하지 않지만, 곤충이 도망치기란 쉽지 않습니다. 덫에 걸린 곤충은 빠져 나오려고 애를 쓰면 쓸수록 더욱 줄에 얽히게 됩니다. 곤충 이 둥근 지붕 위의 복잡한 실타래에서 바동거리고 있는 동안, 둥근 지붕의 아래쪽에 있던 거미는 곤충이 있는 곳을 향해서 움직이게 됩니다. 곤충 바로 아래까지 접근하면, 거미는 실로 짠 둥근 지붕에 구멍을 뚫어 먹이를 둥근 지붕 아래쪽으로 끌어당기게 됩니다. 이 거미는 나중에 뚫린 구멍을 수리합니다.

죽음의 진자

　어떤 거미는 아름다운 거미집을 만드는 대신 하나 또는 두 개의 줄에 '끈적이는 거미줄 덩어리'를 매달아 날아가는 나방을 잡습니다. 이런 거미를 볼라스(Bolas)거미라고 합니다. 이 거미의 이름은 줄 끝에 돌이나 쇳덩어리를 매달아 짐승발에 던져서 사냥을 했던 남미의 원주민이나 카우보이들이 쓰던 '볼라(Bola)'라는 물건에서 따온 것입니다. 행동개시는 보통 밤에 이루어집니다. 거미는 편평한 나뭇가지 아래에 튼튼한 거미줄의 한쪽을 붙입니다. 몇 걸음 더 이동해서 가까운 거리에 다른 한쪽 끝을 붙여 U자 모양이 되도록 합니다. 그런 다음 5cm 정도 되는 거미줄을 중간에 붙입니다. 그러면 실의 모양은 이제 Y자형이 됩니다. 그런 다음 볼라스거미는 끈적이는 줄을 뭉쳐서 조그만 공을 만든 다음, Y자의 맨 아래쪽에 붙입니다. 이제 이 거미는 아주 간단하지만 나방을 잡기에 효과적인 무기를 갖게 된 것입니다.

　'볼라'를 사용하여 먹이를 사냥할 때는 끈질긴 기다림과 기술이 필요합니다. 이 작은 사냥꾼은 끈적이는 공을 매달아 놓은 거미줄을 잡은 채로, 나뭇가지 아래 조용히 매달려 있습니다. 나방이 접근해 오면 거미는 공격할 준비를 합니다. 이 사냥꾼은 공기 중으로 수컷 나방을 유혹하는 어떤 냄새를 풍겨서 사냥감이 다가오도록 속입니다. 이 냄새는 암컷 나방이 수컷을 유혹할 때 풍기는 페로몬 냄새와 같습니다. 그러나 나방은 짝을 만나게 되는 것이 아니라, 배고파

기다리고 있는 거미를 만나게 되는 것이죠. 먹이가 충분히
가깝게 접근하면, 거미는 끈적이는 공을 나방에게 흔들며

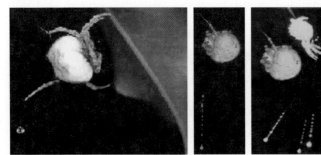

①거미줄 끝에 끈적끈적한 거미줄 뭉치를 공처럼 말아서 ②늘어뜨린 다음 ③줄에 매달린 공을 먹이로 착각한
곤충이 다가오면 공을 흔들며 팔매질을 해서 ④공이 곤충의 몸에 닿는 순간, 곤충은 거미의 밥이 되고 맙니다.

팔매질을 합니다. 이 끈적이는 공이 나방의 몸에 닿게 되면,
나방은 꼼짝없이 거미에게 잡히고 마는 것입니다. 거미는
낚시꾼이 낚은 고기를 끌어올리듯이 바동거리는 나방을
끌어올립니다. 거미는 이 먹이를 거미줄로 칭칭 감아서
움직이지 못하게 하고는 다른 장소로 옮기거나, 그 자리에
서 식사를 합니다.

깔때기 그물

　깔때기 모양의 그물을 만드는 거미는 먼저 편평하게 실로
그물을 엮습니다. 그리고 중간에 작은 구멍을 열어 놓습니
다. 이 구멍을 따라 관 모양의 거미집을 연결합니다. 완성된
거미집의 모양이 깔때기를 닮아 깔때기 그물이라고 부릅니

다. 이들 거미들은 시간의 대부분을 적들을 피해 이 속에서 보내게 됩니다. 곤충이 이 끈적이는 그물 위에 걸려들면, 깔때기 끝에 숨어 있던 거미는 이를 금방 알아채고는 쏜살같

깔때기 그물 — 접시 모양의 거미집 아래쪽에 구멍을 내곤 깔때기를 만들어 그 속에서 먹이가 걸리길 기다립니다.

이 달려 나와 먹이를 잡습니다. 그리고는 안전하게 식사를 하기 위해서 이 먹이를 깔때기 속으로 끌고 들어갑니다.

도깨비얼굴거미

세상에서 가장 신기하게 생긴 거미집은 도깨비얼굴거미라고 부르는 거미가 만드는 집입니다. 나무나 잔가지 사이에 거미집을 만드는 보통의 거미들과는 다르게 이 거미들은 8개의 다리 가운데 4개의 다리로 자신이 만든 그물을 펼치고 있습니다. 이런 행동이 먹이를 잡기에는 어쭙잖게 보일지도

모릅니다만, 이 거미는 이 작은 크기의 거미집으로 뛰어난 사냥을 하며 거의 굶주리는 적이 없습니다.

도깨비얼굴거미

이 거미집은 작긴 하지만 만들기가 꽤 까다롭습니다. 거미들은 보통 덤불의 편평한 가지 아래서 그물을 만듭니다. 거미는 우선 끈적이지 않는 줄로 외형(틀)을 만든 후 앞발로 이 틀을 잡고, 몸 맨 뒤에 있는 네 번째 다리를 이용해서 이 틀에 더 많은 거미줄을 덧붙여 외형을 튼튼하게 합니다. 그런 다음, 도깨비얼굴거미는 강하고 탄성이 뛰어난 끈적거리는 거미줄을 이용해서 그물을 짜기 시작합니다. 거미는 우표 크기만한 작은 사각형 안에 여러 가닥의 거미줄을 짜 넣습니다. 그들의 몸을 사각형의 한쪽 면에서 다른 면으로 이동을 하면서 끈적이는 실로 그 공간을 채웁니다. 곧 거미는 아주 튼튼하고 끈끈한 그물을 만들게 됩니다. 이 놀라운 건축가는 거미줄이 수평이 되게 4개의 앞다리로 그물을 잡습니다. 각각의 다리는 그물의 네 모서리를 잡고

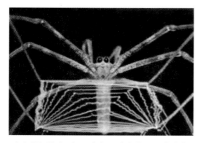

거미집을 활짝 펴고 먹이를 기다리는 도깨비얼굴거미

있습니다. 거미는 네 다리로 사각의 틀을 잡은 채 거꾸로 매달려 있습니다.

도깨비얼굴거미는 이제 사냥할 준비가 된 것입니다. 곤충이 가까이 다가오면 거미는 4개의 앞다리를 쭉 펴서 먹잇감을 잡기 쉽게 합니다. 아랫방향으로 밀면서, 4개의 앞다리를 뻗쳐 그물이 더 커지게 만드는 것입니다. 곤충이 도망을 가려는 순간, 이 끈적끈적한 그물에 걸리고 맙니다. 그러면 거미는 곤충을 그물로 말아 올려 먹어 치웁니다.

계속 들고 있으려니 다리가 좀 아프긴 하지만……

도깨비얼굴거미는 밤에만 사냥을 합니다. 이들이 만약 밤 동안에 먹이를 잡지 못한다면, 아침에 그물을 걷어 올리고는 먹어 버립니다. 그래서 귀중한 거미줄이 낭비되지 않도록 합니다. 낮동안 이 거미는 근처 나무에서 숨어 지냅니다.

삼각 그물

손짓거미는 또 다른 형태의 거미집을 만듭니다. 이들이 만드는 거미집은 둥근 그물을 10등분해서 마치 3조각만 똑 떼어낸 것 같은 모양입니다. 따라서 이 거미가 집을 만드는 데는 4개의 방사실만 있으면 됩니다. 그 방사실들은 서로 연결되어 있습니다. 거미줄 한 줄이 견고한 지지대에 덧붙여집니다.

　4개의 방사실 가운데 바깥쪽에 있는 2개의 방사실을 견고한 지지대에 부착을 하고, 방사실을 가로질러 거미줄을 엮어 전체적인 모양이 삼각형이 되도록 합니다. 4개의 방사실이 만나는 곳에 손짓거미가 있습니다. 거미는 머리가 거미줄로 향한 모습으로 다리를 펴고 있습니다. 뒷다리로 지지대쪽의 줄을 잡은 채로 앞다리는 거미집 쪽의 줄을 팽팽하게 당기고 있습니다. 그렇게 해서 거미의 몸 아래쪽에는 거미줄이 약간 느슨하게 처져 있습니다. 곤충이 끈끈

삼각 그물의 모습

4줄의 방사실이 시작되는 곳(오른쪽 위)에서 거미가 먹이를 기다리고 있습니다.

한 거미집에 들어오면 이 사냥꾼은 잡고 있던 줄을 놓습니다. 팽팽하게 당기고 있던 줄이 풀리면서 삼각 모양의 거미집이 앞으로 쏠리게 됩니다. 바동거리는 곤충은 더욱 얽혀버려 결국 손짓거미의 먹이가 되는 것입니다.

둥근 그물

둥근 형태의 거미집을 짓는 거미들은 세상에서 가장 아름다운 건축물을 만드는 건축가들 가운데 하나입니다. 우리들은 거미줄이라고 하면 보통 이런 둥근 형태의 거미집을 떠올리게 됩니다. 세상에는 2,000종류 이상의 거미들이 먹이를 잡기 위해 이런 둥근 형태의 거미집을 만듭니다. 둥근 그물을 자세히 살펴보면 생긴 모양과 크기가 다르지만 둥근 그물은 거의 비슷한 방법으로 만들어집니다. 예를 들어서, 정원에 있는 왕거미는 커다란 그물을 만드는 데 필요한 공간과 거미줄을 붙일 수 있는 장소를 찾게 됩니다. 어떤 때는 건물 벽이 이런 역할을 하기도 하고, 또 어떤 때는 나뭇가지나 줄기가 이런 장소를 제공하기도 합니다. 그리고 거미줄의 다른 한쪽을 붙일 장소를 찾기 위해서 작은 가지나 굵은 가지, 나뭇잎을 따라 올라갑니다.

아름다운 둥근 그물 모습

거미집 만들기

구름다리 만들기

나무와 같이 좁은 공간에서는 거미줄을 한쪽 가지 위에
붙이고는 다른 가지를 따라 올라갑니다. 집을 지을 만한
공간이 확보되면 그곳에 실을 붙입니다. 거미가 움직일
때마다 계속 실이 흘러나오기 때문에 줄을 당기면 두 나뭇가

거미집 착공 ─ 구름다리 만들기

지 사이에 집을 만들 첫 번째 다리가 완성됩니다.

　그러나 두 전봇대 사이에 거미줄을 칠 때처럼 때때로 서로 멀리 떨어져 있어 두 번째 지지대까지 기어서 갈 수 없는 경우가 있습니다. 이럴 때는 첫 번째 지지대에서 거미줄을 공기 중에 띄웁니다. 거미줄은 부드러운 바람에도 충분히 떠다닐 수 있을 정도로 가볍습니다. 거미줄이 바람을 타고 둥실둥실 떠다니다가 운 좋게 두 번째 지지대를 만나게 되면 집짓는 일이 시작됩니다. 거미는 거미줄이 두 번째 지지대에 안전하게 붙었는지를 확인하기 위해서 때때로 거미줄을 당겨 확인해봅니다. 안전하게 붙지 않았다면, 풀렸던 거미줄을 당겨서 공처럼 말아 먹어버리고는 일을 다시 시작합니다. 이런 방법으로 거미는 거미줄을 낭비하지 않고 재활용합니다. 거미줄이 이들 지지대에 안전하게 달라붙게 되면 줄을 당겨서 팽팽하게 만듭니다. 그러고는 자신이 있던 자리에 실의 한끝을 붙입니다. 이렇게 연결된 가는 실이 공간을 가로지르는 구름다리가 되어 그곳에 그물처럼 생긴 거미집을 만들게 됩니다.

Y자 구조 만들기

거미집 뼈대 1 ─ Y자 구조 만들기

　구름다리가 놓이면 거미는 이곳을 계속 왔다 갔다 하면서 실을 덧붙여 구름다리를 튼튼하게 만듭니다. 마지막으로 돌아올 때 거미는 아래로 약간 늘어진 느슨한 거미줄을 구름다리에 덧붙이게 됩니다. 거미는 늘어진 줄의 가운데로 기어가서는 그곳에 또 다른 줄을 붙입니다. 이 줄을 타고 단단하고 튼튼한 물체가 있는 곳까지 내려갑니다. 그런 다음 줄을 당겨서 거미줄을 매답니다. 이렇게 해서 거미는 구름다리 아래에 Y자형의 뼈대를 만들게 됩니다. Y자의 중앙에 있는 점이 이후에 거미집의 중심인 '바퀴통'이 됩니다.

수레바퀴에 살 덧붙이기

이제 거미는 Y자의 중앙으로부터 바깥쪽을 향하여 더 많은 바큇살을 만듭니다. 살을 만들기 위해서 Y자의 중앙에 거미줄 한 가닥을 붙인 다음, Y자의 팔을 따라서 구름다리까지 올라가게 됩니다. 구름다리를 따라서 조금 가다가 줄을 당겨서 팽팽하게 만든 다음, 구름다리를 지지대로 해서 거미줄을 붙입니다. 이런 방법으로 중앙으로부터 살을 하나씩 덧붙이게 됩니다. 곧 거미집은 수레바퀴에 붙은 살같이 생긴 많은 방사실을 갖게 되었습니다. 이 방사실이 여러 방향으로 거미집 중앙과 지지대를 연결하게 되고, 이 방사실들은 거미집을 안전하게 유지하는 역할을 합니다. 방사실의 수는 거미집을 만든 거미의 종류에 따라 다르고, 같은 종류인 경우에도 나이에 따라 다르게 됩니다.

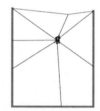

거미집 뼈대 2 — 방사실(바큇살) 붙이기

거미집의 뼈대 완성 — 방사실의 완성

끈끈이 줄 붙이기

거미는 방사실이 만나는 거미집의 중심인 바퀴통으로

끈끈이 줄을 놓기 위한 맴돌기

이동하게 됩니다. 거미는 바퀴통에서 시작하여 바깥으로 크게 원을 그리며 뱅글뱅글 돕니다. 거미가 지나간 자리에는 몸에서 나온 거미줄이 남습니다. 거미가 방사실을 지날 때마다 이 줄들은 방사실을 서로 연결해 줍니다. 거미는 거미집의 외곽에 있는 줄을 만날 때까지 계속 원을 그리며 실을 붙입니다. 정식으로 끈끈이 줄을 붙이기 전까지 크게 원을 그리며 방사실을 연결하는 것입니다. 이유는 거미집이 전체적으로 균형을 이루고, 뒤틀리지 않도록 하기 위해서입니다.

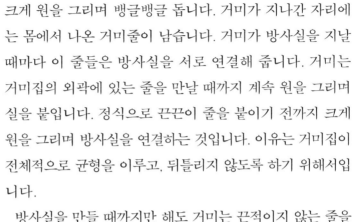

거미집 완공

방사실을 만들 때까지만 해도 거미는 끈적이지 않는 줄을 사용했습니다. 그러나 이제 거미는 먹이를 잡을 수 있는 끈끈한 줄을 만들어 냅니다. 이번에는 지금까지와 반대로 바깥쪽에서 바퀴통을 향해 출발합니다. 거미는 끈적끈적하고, 이전보다 훨씬 단단하게 꼬인 줄을 방사실에 붙이면서 중심을 향해 나선형의 원을 그립니다. 바퀴통을 향하여 돌아오면서 거미는 이전에 붙였던 끈적이지 않는 줄을 먹습니다. 이 끈적이지 않는 줄은 거미가 중심을 향해 돌아오는 길을 안내하는 역할을 하기도 합니다. 바퀴통 근처에서 거미는 끈끈이 줄을 덧붙이는 것을 중지합니다. 그래서 바퀴통 근처에는 끈적이지 않는 나선형의 줄이 남고, 거미는 자신이 만든 집에 들러붙지 않게 되는 것입니다. 이런 종류의 거미집을 만드는 것이 아주 복잡해 보이지만, 대부분의 거미들은 한 시간 이내에 이런 일을 마칠 수 있습니다.

사냥

　어떤 거미들은 바퀴통의 아래쪽에 매달린 자세로 거미집에 먹이가 걸려들기를 기다립니다. 어떤 거미들은 바퀴통에서 길게 줄을 내어 주변에 있는 나뭇가지나 잎에 연결한 다음 그곳에 숨어서 먹이가 걸리기를 기다리기도 합니다. 먹잇감이 거미집을 건드리면 그 진동이 거미가 있는 곳까지 전달됩니다. 거미는 실의 움직임을 느끼고 먹이를 향하여 쏜살같이 다가갈 수 있습니다. 거미집에서 거미들이 이동할 때는 보통 마르고 끈적이지 않는 방사실을 이용합니다.

애벌레 건축가들

　애벌레 가운데도 집을 만드는 것이 있습니다. 이들 역시 동물세계에서 놀라운 건축가로 뽑힐만합니다. 천막벌레나 방의 애벌레는 자신의 형제들과 함께 커다랗고 두꺼운 천막집을 만듭니다. 우리가 잘 아는 누에고치는 오랜 옛날부터 실을 만드는 데 이용해왔습니다. 도롱이벌레 애벌레는 자신의 몸을 감싸는 튜브 모양으로 옮겨 다닐 수 있는 집을 만들어 자신을 보호합니다.

실로 만든 천막

　애벌레 세계에서 실을 이용해서 천막을 만드는 천막제조공은 매우 드뭅니다. 보통 애벌레들은 혼자서 생활을 하지만, 천막벌레나방 애벌레는 함께 모여 서로 의지하며 살아갑니다. 천막벌레나방은 나뭇가지에 홈이 팬 곳 등에 알을 낳습니다. 알에서 깨어난 애벌레는 아랫입술에 있는 실젖에서 나오는 액체로 매우 가는 실을 만들게 됩니다. 액체가 밖으로 나오면서 공기와 만나 실이 됩니다. 이 실은 애벌레가 움직일 때마다 계속 흘러나옵니다. 갓 깨어난 애벌레는 이런 실을 '생명줄'로 이용합니다. 애벌레가 미끄러운 나뭇가지나 잎에 기어오를 때도, 거의 보이지는 않지만 계속해서 실이 흘러나옵니다. 올라가는 동안 발에 있는 작은 발톱으로 이 실을 잡습니다. 등반가들이 절벽을 오를 때 밧줄을 타고 위로 올라가듯 말입니다. 이 가늘디가는 실이 애벌레가 미끄러지거나 떨어지지 않도록 도와줍니다. 이 줄이 하는 역할은 또 있습니다. 어린 애벌레가 길을 잃지 않도록

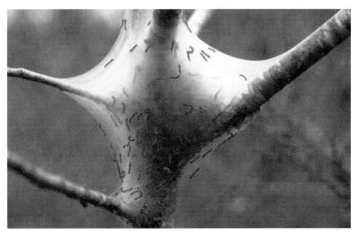

천막벌레나방 애벌레는 천막집을 중심으로 무리를 지어 살아갑니다.

해주는 것입니다. 어디에 있든지 애벌레는 실을 따라가기만
하면 항상 원래의 위치로 되돌아갈 수 있으니까요.

나무줄기가 갈라지는 곳
에 만든 천막벌레나방 애
벌레의 천막집

　알에서 깨어난 애벌레들은 실로 그들이 살아갈 천막을
만들기 시작합니다. 먼저 집을 지을 장소를 찾게 되는데,
보통 나무의 굵은 줄기로부터 여러 개의 작은 가지가 포크처
럼 갈라진 곳을 좋아합니다. 그들은 집을 지으면서도 먹이
를 구하러 다닙니다. 주변의 부드러운 잎이면 무엇이든
먹어치운 다음에 자신이 갈 때 이어놓은 줄을 따라 집으로

되돌아옵니다. 애벌레가 여행을 할 때마다 실이 남습니다. 그들이 가는 곳마다 가는 실이 남는 것입니다. 결국 이 실들이 밤 동안 쉴 수 있는 넓적한 실뭉치를 만들게 됩니다. 이 실뭉치가 이후에 이들이 만들게 될 집의 기초인 바닥이 됩니다. 애벌레들은 그 기초 위에 벽과 지붕이 될 뼈대를 놓습니다. 그들은 나뭇가지로부터 실뭉치로 된 바닥까지 짧은 실로 연결하면서 실을 계속 덧붙입니다. 어떤 실은 이웃한 가지로부터 바닥으로 연결되고, 어떤 실은 나뭇가지 사이에 연결되기도 하고 실끼리 연결이 되기도 합니다. 이 일이 끝나면 튼튼한 뼈대가 만들어지게 됩니다.

이제 애벌레는 바닥과 뼈대 주위를 계속 왔다 갔다 하면서 실을 덧붙여 바닥과 뼈대가 촘촘해지도록 합니다. 이렇게 만든 천막은 6mm 크기의 애벌레 200마리가 살기에도 충분한 공간이 됩니다. 그들은 배가 고프면 집에서 나와 이미 실로 만들어져 있는 '고속도로'를 타고 잎이 풍부한 나뭇가지로 이동을 합니다. 이 고속도로는 배고픈 애벌레들이 하루에도 여러 번씩 이 길을 따라 옮겨 다니면서 만들어진 것입니다. 애벌레가 다니면 다닐수록 길은 더 두툼하고 넓어집니다.

애벌레들이 활발하게 움직이면서 집도 점점 더 커지고, 집 내부에 여러 개의 방이 만들어집니다. 햇볕이 강하게 내리쪼일 때, 햇볕을 받는 방은 더워지지만 그 반대편에 있는 방은 아직 시원합니다. 실로 만든 집이 퍽 약해 보일지 모르지만 사실은 아주 튼튼해서 이들 애벌레 집단을 잘 보호할 수 있습니다. 바깥날씨가 그들을 죽일 수도 있을 만큼 좋지 않을 때에도 그들은 천막 안에서 안전하게 지낼 수 있습니다. 예를 들어 공기가 오랫동안 너무 건조하거나 너무 습하면 애벌레가 쉽게 죽습니다. 하지만 바깥공기가 건조할 때도 천막 안은 적절하게 습기를 유지하고 있습니다. 비가 내릴 때면 천막이 방수 역할을 하기 때문에 마른 상태를 유지할 수 있습니다. 천막은 바람도 막아 줄 수 있습니다.

빛나무 가지사이에 만든 천막집

　시간이 가면서 아름답고 하얀 궁전이 더러운 갈색의 덩어리로 변해가게 됩니다. 더는 살 수 없을 정도로 지저분해지는 이런 변화는 애벌레들이 쏟아내는 배설물 등 여러 쓰레기 때문입니다. 그러나 곧 그 천막 애벌레는 나방으로 변하여 이 지저분한 집을 떠나게 됩니다.

비단 짜는 고치

　곤충 가운데 제일 유명하면서도 사람에게 가장 고마운 것은 아마도 '누에'일 것입니다. 누에는 비단옷을 만드는 재료인 명주실을 생산합니다. 세계 각지에는 여러 종류의 누에가 있지만 우리가 누에라고 부르는 것은 누에나방이라고 알려진 종류입니다. 이 누에가 만드는 명주실은 약 4000년 전부터 중국에서 비단옷을 만들기 위해 사용되어 왔습니다. 중국은 아름다운 비단을 만들기 위해 세계 각지에서 누에를 채집하기 시작했습니다. 그러다 보니 결국 야생에는 누에가 거의 남아 있지 않게 되었고 거의 모든 누에는 실내에서만 길러지게 되었습니다. 누에를 길러 명주실을 만들어 내는 일을 잠사(업)이라고 합니다.

누에는 작고 회색을 띤 알속에서 생애를 시작합니다. 깨어날 준비가 되면 날카로운 턱을 이용해 알을 열고 밖으로 나옵니다. 그러면 3mm 크기의 작고 검은 누에가 탄생하게 되는 것입니다. 새로 태어난 어린 누에는 주로 뽕나무 잎을 먹고 색깔도 젖빛으로 변하면서 빠르게 자랍니다. 양상추나 양딸기 잎같이 다른 것을 먹을 수는 있지만 누에는 뽕나무 잎을 먹었을 때 가장 좋은 실을 만듭니다. 봄빅스 모리 (*Bombyx mori*)^(봄빅스가 누에, 모리는 뽕나무를 뜻함)라는 이름(학명) 자체가 뽕잎을 먹는 누에, 또는 뽕나무 누에라는 의미입니다.

누에나방의 모습

알에서 깨어난 지 3주 정도가 지나면 애벌레는 8~10cm 길이가 되어 다 자라게 됩니다. 다 자란 누에는 고치 틀 자리를 찾아다닙니다. 실내에서 키운 누에는 짚이나 잔가지 더미를 마련해줍니다. 이들더미에 오른 애벌레는 좋은 장소를 찾습니다. 그런 다음 근처에 있는 나뭇가지나 짚에 실 몇 가닥을 붙이기 시작합니다. 이 작업이 끝나면 실들이 마치 그물처럼 보이고, 누에 주변에 안전한 망이 만들어지게 됩니다.

누에는 이제 아래턱에 있는 실젖에서 흘러나오는 가는 명주실을 이용해서 자신의 몸을 보호할 수 있는 고치를 만들기 시작합니다. 하나의 분비샘에서는 실을 만들고 다른 분비샘에서는 실에 덧칠할 아교 같은 물질을 만들어 냅니다. 처음에는 액체로 된 실이 실젖에서 흘러나옵니다. 이 액체가 공기와 반응을 하면서 가늘고 부드럽지만 질긴 실로 굳어지게 되는 것입니다.

누에나방의 일생

춤을 추듯이 머리를 S자나 8자 모양으로 흔들어 대면서 누에는 자신의 몸 주위를 명주실로 천천히 감습니다. 누에가 자신의 고치를 만드는 데는 2~3일 정도 걸립니다. 이 일을 마치기까지 누에는 자신의 머리를 30만 번 정도 흔들게 되고, 단 한번의 얽힘도 없이 1,500~1,700m의 부드럽고 끊어지지 않는 실을 감게 되는 것입니다.

고치 안에서 누에는 번데기로 탈바꿈합니다. 번데기가 된 지 2주일 정도 지나면 나방이 고치로부터 기어 나오게 됩니다. 날개를 따라서 흐린 갈색선이 나 있고 우윳빛이 나는 누에나방은 먹지 않고 단 며칠만 살게 됩니다. 그러나 이 시간 동안 암컷과 수컷은 짝짓기를 하고 암컷은 500~600개 정도의 알을 낳습니다. 알을 낳은 암컷은 곧 죽지만 암컷이 낳은 알들이 새로운 누에로 삶을 시작하게 됩니다.

뽕잎을 갉아먹고 있는 누에

그러나 불행하게도 사람들이 기르는 대부분의 누에는 나방이 되지 못하고 죽습니다. 만약 누에가 고치를 찢고 나와서 나방이 된다면 고치에는 구멍이 생길 것이고, 누에가 만든 명주실은 중간이 끊어지게 될 것입니다. 사람들은 고치로부터 좋은 명주실을 얻기 위해서 누에가 고치 안에 들어 있는 채로 누에를 삶아서 죽입니다.

명주실이 천을 만드는 데 처음 이용된 이후, 지난 수백 년 동안 사람들은 누에의 명주실로 만든 비단보다 더 좋은 옷감을 찾지 못했습니다. 아직도 '100% 비단'이라고 써 붙인 옷이 최고의 옷으로 평가받는 것만 봐도 그 사실을 알 수 있습니다.

사람들이 누에고치에서 명주실을 뽑아내는 데는 보통 3단계를 거칩니다. 먼저 고치를 증기에 쏘이거나 뜨거운 오븐에 담가 고치 속에 들어 있는 누에를 죽입니다. 그런 다음 고치를 따뜻한 물에 담급니다. 이렇게 해야 누에가 고치를 만들 때 비단실이 서로 잘 달라붙도록 덧붙인 끈적거리는 물질을 녹여낼 수 있습니다. 다음으로 숙련된 기술자가 고치의 실타래에서 가닥을 찾아낸 다음, 사람 손이나 기계 등

누에고치

을 이용해서 고치의 실을 풉니다. 보통 하나의 고치로부터 600~900m 정도의 실을 얻을 수 있습니다. 이 실 한 줄은 너무나 가늘어서 다섯줄이 모여야 사람 머리카락 정도의 굵기가 됩니다. 약 450g의 실을 얻으려면 거의 2,000개의 고치가 필요합니다.

도롱이 집

도롱이벌레(도롱이나방) 애벌레는 견고하게 보호된 집을 만들기 위해서 실을 만들어 내는 곤충입니다. 그러나 그들의 집이 실로만 만들어지는 것은 아닙니다. 집에 다른 물질들을 덧붙입니다. 이들은 실로 만든 기초 위에 작은 나뭇가지와 여러 재료를 옆에 덧붙여서 도롱이^(풀이나 볏짚을 엮어서 만든 우비)나 통나무 오두막 모양의 집을 만듭니다. 알에서 깨어난 어린 애벌레는 먹이를 찾기 전에

도롱이벌레 애벌레가 나뭇조각과 돌조각, 흙 등을 이용해 만든 집

옮겨 다니기에도 편리한 도롱이 집을 만들기 시작합니다. 머리근처에 있는 분비샘으로부터 끈적거리는 실을 만들어 냅니다. 애벌레는 실을 내면서 곧 그 자신이 실로 된 자루에 쌓이도록 몸을 이리저리 돌립니다. 어떤 도롱이벌레 애벌레는 단순히 실로 엮은 집에서 살지만 어떤 것들은 실로 된 기초 위에 잔가지, 나뭇잎 조각, 또는 흙 등을 덧붙입니다. 이런 물질들을 덧붙이기 위해서 몸의 앞쪽에 있는 6개의 다리를 사용합니다. 이 일이 끝나면 위와 아래가 열려 있는 도롱이 모양의 집이 만들어지게 되는 것입니다. 도롱이벌레

마른 소나무 잎을 재료로 만든 도롱이벌레 애벌레의 도롱이 모양 집

애벌레는 나방으로 변해 멀리 날아오를 때까지 그런 집에서 머뭅니다. 이 애벌레가 이동하는 모습을 보면, 머리와 다리를 도롱이 밖으로 내놓고는 집을 짊어진 채로 기어 다닙니다. 머리를 도롱이 밖으로 쭉 빼내서 먹이를 모으기도 합니다. 이들은 도롱이 뒷부분을 통해 배설을 하게 됩니다.

애벌레가 자라면서 도롱이도 점점 커집니다. 애벌레는 도롱이를 키우기 위해 도롱이의 앞쪽 끝을 따라서 실과

다른 재료들을 덧붙입니다. 만들어진 집의 크기는 이 집을 만든 건축가의 크기와 비례합니다. 도롱이벌레 애벌레의 옮겨 다니는 집은 작은 것은 1cm 미만이지만 15cm 이상 되는 것도 있습니다.

주로 나뭇가지를 이용해 만든 도롱이벌레 애벌레의 도롱이 집

도롱이벌레 애벌레가 만든 집은 여러 가지 방법으로 이들을 보호해 줍니다. 예를 들자면, 집을 만들 때 쓰는 재료들은 보통 주변에서 구한 것이라 집은 주변과 잘 섞이게 됩니다. 일종의 위장 효과가 생겨서 새와 같은 위험한 적들에게 잘 들키지 않게 됩니다. 또한 이런 단순하지만 튼튼한 집은 바람이나 비 등, 주변의 환경변화로부터 도롱이벌레 애벌레를 보호해 주는 역할을 합니다.

나방으로 변할 때가 되면, 도롱이벌레 애벌레는 도롱이의 양쪽 끝을 실로 막고 도롱이 안에 들어가 있습니다. 이렇게 바깥과 완전히 차단된 상태에서 애벌레는 놀라운 변화를 보입니다. 머지않아 도롱이벌레 애벌레는 고치를 뚫고 나와 나방이 됩니다.

날도래 애벌레가 지은 집

도롱이벌레 애벌레는 신비한 집을 짓는 것으로 알려진 날도래 애벌레와 친척관계입니다. 날도래 애벌레는 물속에

어른 날도래의 모습

집을 짓습니다. 대부분의 날도래 애벌레는 호수나 연못, 그리고 민물 등지에 살지만, 오스트레일리아나 뉴질랜드에 사는 어떤 것들은 해변을 따라 바다 속에서 발견되기도 합니다.

옮겨 다니는 집

날도래 애벌레는 물에 닿으면 굳어지는 실로 자신의 집을 물속에 만듭니다. 이들 건축가들이 이용하는 많은 재료는 그들의 친척인 도롱이벌레 애벌레가 사용하는 것과 비슷합니다.

그러나 날도래 애벌레는 도롱이벌레 애벌레가 많이 사용하지 않는 작은 모래알갱이나 작은 자갈조각을 건축 재료로 즐겨 사용합니다. 작은 돌로 지은 집은 땅보다 물속에서 옮겨 다니는 데 훨씬 편리합니다. 왜냐하면 물의 부력이

돌을 가볍게 만들기 때문입니다.

이렇게 옮겨 다닐 수 있는 튜브 모양의 날도래 애벌레 집은 모양과 크기가 다양합니다. 길고 가늘게 생긴 것도 있고 짧고 굵게 생긴 것도 있습니다. 튜브의 벽이 둥근 것도 있고, 사각이나 삼각형으로 된 것도 있습니다. 어떤 집은 반듯하게 생겼는가 하면 어떤 집은 구부러진 모양을 하거나 달팽이 껍데기처럼 돌돌 말린 것도 있습니다.

날도래 애벌레와 옮겨 다니는 집

나뭇가지와 작은 돌조각을 이용해 만든 날도래 애벌레의 집

날도래 애벌레는 자라면서, 어른 날도래가 되기 위한 준비를 하게 됩니다. 고치를 만들면서 튜브로 된 집의 양쪽 끝을 실로 막습니다. 공기가 속으로 들어 올 수 있을 만큼의 작은 구멍만을 남깁니다. 이 곤충은 고치 안에서 어른으로 자라 물 표면으로 올라와서 날아가게 됩니다.

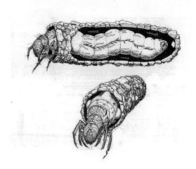

날도래 애벌레가 만든 집의 내부

먹이잡이 그물

어떤 날도래 애벌레는 물속에서 먹이를 잡기 위해서 실로 그물을 짭니다. 이들은 먼저 자신의 집을 만듭니다. 집을 만들면서 날도래 애벌레는 그들의 집을 물속에 있는 바위나 다른 견고한 물체에 붙입니다. 그렇지 않으면 흐르는 물

때문에 집이 물에 쓸려 내려가기 때문입니다.

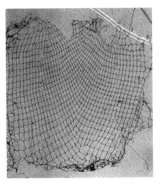

집을 만들고 나면, 그들은 그물을 만들기 시작합니다. 이 그물도 바위나 물속에 있는 다른 견고한 물체에 붙여야 합니다. 만약 그물을 붙일 만한 적당한 물체를 찾지 못하면, 날도래 애벌레는 그물을 붙일 만한 지지대를 직접 만듭니다. 지지대는 집

날도래 애벌레가 만든 그물 — 정교함이 혀를 내두르게 할 정도입니다.

을 지을 때와 마찬가지로 몸에서 나온 끈적한 실에 모래나 자갈, 또는 잔가지를 붙여서 만듭니다. 지지대는 둥근 모양일 때도 있고 Y자 모양인 경우도 있습니다.

지지대가 만들어지면, 두 지지대 사이를 왔다 갔다 할 때마다 흘러나오는 실을 이용해서 줄을 칩니다. 줄이 교차하게 되면 줄을 서로 붙입니다. 더 많은 줄이 더해지면서 그물이 만들어집니다. 이 작은 곤충이 강하면서도 정교한 이런 그물을 만들 수 있다는 것은 참으로 놀라운 일입니다. 더욱 놀라운 일은 그들이 어둠 속에서도 일을 할 수 있다는 것입니다.

지금까지 세계에서 10~12 종류의 모양과 크기가 다른 날도래 애벌레 그물이 발견되었습니다. 어떤 그물은 트럼펫 모양을 한 것도 있고, 또 어떤 것은 컵 모양, 손가락 모양을 한 것도 있습니다. 어떤 모양이든 그물의 넓은 부분이 상류

를 향하고 있습니다. 물이 이런 그물을 통해 흐르면서 작은 동물과 식물들이 실로 짠 그물 안에 걸리게 됩니다. 날도래 애벌레는 그물에 잡힌 것들을 먹습니다. 또한 날도래 애벌

날도래 애벌레가 만든 먹이잡이 그물의 여러 형태

레는 거센 물살 등으로 그물이 찢어지거나 망가지지 않도록 주의를 합니다. 만약 그물에 나뭇가지나 낙엽, 돌조각 등이 걸려서 막히게 되면 이들을 제거하고, 그물이 찢어지기라도 하면 재빨리 수리합니다.

3장
곤충들의 집짓기

산위에서 부는 바람
시원한 바람 ...

우리집은 걱정이 없어요!
시원한 자연 바람이
솔솔 불거든!

2003. 400

ⓒ 유원재, 2003

곤충에 대하여

세상에는 다른 동물과 식물을 모두 합친 것보다 더 많은 종류의 곤충들이 있습니다. 곤충이 전부 얼마나 되는지 아직 아무도 모르지만, 지금까지 80만 종류 이상의 곤충이 발견되었고, 해마다 새로운 종이 계속 발견되고 있습니다. 어떤 과학자들은 지구상에 사는 곤충의 종류가 천만가지가 넘을 것이라고 믿고 있습니다. 어떤 면에서 보면 지구는 곤충들의 천국이라고 말할 수 있지 않을까요?

메뚜기·개미·나비 등과 같이 곤충들은 언뜻 보면 매우 다르게 생겼지만, 이들 곤충들은 여러 가지 면에서 공통점을 갖고 있습니다. 그들은 몸의 형태와 색깔은 서로 다르지만 다른 동물에 비하여 몸집이 작습니다. 아주 작은 것은 길이가 0.2mm 정도고, 큰 것은 33cm 정도입니다. 모든 곤충의 몸은 머리, 가슴, 배 3부분으로 되어 있습니다. 더듬이라는 감각기가 머리에 붙어 있고, 3쌍의 다리가 가슴에 붙어 있습니다. 곤충은 이런 동일한 특징을 갖고 있습니다.

곤충들은 지구 어디에서나 발견이 됩니다. 사막에서도 살고, 숲 속과 초원, 심지어 남극과 북극 같은 몹시 추운 지역에서도 살고 있습니다. 어떤 곤충들은 일생을 연못, 강이나 개울 같은 민물에서 보내기도 합니다. 몇몇 종류는 짠 바닷물에서 사는 것도 있습니다.

흰개미, 개미 그리고 말벌과 벌들 가운데 어떤 종들은 사회를 이루고 삽니다. 그들은 크고 복잡한 집을 만들고 잘 조직된 집단에서 살며, 서로 협력하여 일합니다. 혼자서 살고 일하는 벌과 말벌 중에도 때때로 놀라운 건축술을 갖고 있는 것이 있습니다.

여러분은 곤충들이 지은 집을 땅위나 땅속, 또는 나무위에 서도 쉽게 찾을 수 있습니다. 어떤 곤충의 집은 집단 전체가 살기 위한 것이고, 어떤 것은 주로 애벌레를 키우기 위한 집입니다. 흰개미와 말벌, 벌과 개미들은 진흙, 풀, 밀랍, 목재, 또는 주변에 있는 다양한 소재를 이용하여 그들의 건축물을 만듭니다.

개미가 만든 집

아마도 이 세상에서 가장 잘 알려진 곤충은 개미일 것입니다. 개미들은 사람이 살고 있는 집의 뒤뜰, 풀밭에도 살고, 숲에서도 살고, 때때로 방안에서도 삽니다. 개미는 일년 내 아주 추운 지역을 제외하고는 세상 어디에서나 살아갈 수 있습니다. 개미는 많은 유용한 일을 합니다. 개미는 풀밭과 농장에서 많은 곤충을 잡아먹어서 곤충 수를 조절하는 역할을 합니다. 또한 개미가 땅속에 집을 짓기 때문에 흙이 부드러워지고, 산소와 수분이 쉽게 땅속으로 스며들게 되어 결과적으로 농작물이 잘 자랄 수 있게 됩니다. 개미는 때때로 야외에서 여러분을 귀찮게 하지만 그래도 우리 곁에 있는 것이 더 좋겠지요?

갓 깨어난 개미와 알들을
돌보고 있는 일개미

이 세상에는 14,000종류 이상의 개미들이 사는데, 그 가운데 많은 종류가 땅속에 집을 짓습니다. 그들이 만드는 둥지의 종류는 집을 만드는 개미의 종류만큼이나 다양합니다. 어떤 개미들은 잔가지와 흙을 쌓아 만든 거대한 흙더미에서 삽니다. 집을 나무속이나 나무껍질에 짓는 것도 있습니다. 또 어떤 개미들은 식물의 속이 빈 줄기나 가시 속에서 삽니다. 환상적이게 높은 가지 끝에 나뭇잎으로 지은 집도 있습니다.

개미집단의 구성원들 — 왼쪽부터 수개미, 여왕개 미, 일개미

개미는 사회성 곤충으로 알려져 있습니다. 모든 개미들이 잘 조직된 집단의 구성원들이고 개미는 아무도 혼자 살지 않습니다. 어떤 종들은 단지 10~15마리가 모여 살아가지만 어떤 종들은 100만 마리 이상이 같은 집단에서 살아갑니다. 개미집단 내에는 대략 여왕개미, 수개미, 일개미 이렇게 세 가지 부류가 있습니다. 여왕은 알을 낳을 수 있는 유일한 암컷이고, 죽을 때까지 계속 알을 낳습니다. 수컷이 하는 유일한 일은 여왕과 짝짓기를 하는 것입니다. 수컷은 짝짓기 후에 죽습니다. 우리가 보통 보는 개미는 일개미입니다.

홍개미 무리

모두 암컷입니다. 이들이 하는 일은 여왕을 돌보고, 여왕이 낳은 자식들을 키우고 식량을 구하며, 둥지를 넓히고 침입자들로부터 둥지를 지키는 것입니다.

짝짓기를 마친 젊은 여왕은 집단을 만들 장소를 찾습니다. 그녀는 이미 형성된 집단에 결합하는 경우도 있고, 자신이 집단을 만드는 경우도 있습니다. 여왕은 작은 둥지를 만들고 거기에 첫 번째 알을 낳습니다. 여왕은 그들이 다 자랄 때까지 자식들을 돌봅니다. 이 자식들이 어른이 되면 집단 내에서 일개미로 일하게 됩니다.

거대한 도시의 설계자

지하세계의 토목건축 전문가 개미

거대한 도시를 만드는 개미집단은 여왕개미의 단칸방에서 시작됩니다. 혼인비행을 마친 여왕개미는 이제 더 이상 필요가 없는 날개들을 부러뜨리고는 좋은 집터를 찾아 새 살림을 차립니다. 개미는 흙이나 썩은 나무, 심지어 살아있는 나무에도 둥지를 만듭니다. 주로 추운지방에 사는 개미들은 땅속이나 썩은 나무에 둥지를 틀고, 더운지방에 사는 개미들은 살아 있는 나무에도 둥지를 틉니다. 이 개미 둥지에는 여러 개의 방이 있는데 사용 목적이 다 다릅니다. 예를 들면 애벌레를 키우는 방, 먹이를 저장해두는 방, 쓰레기만을 모아서 그 썩는 열을 이용할 수 있도록 한 방, 여왕개미의 방 등등 매우 다채롭습니다. 혹시 온도가 많이 떨어지게 되면 일개미들은 즉시 알들을 온도가 따뜻한 방을 골라서 옮기는 작업을 합니다.

여왕개미가 새 살림을 차리는 단칸방은 아주 작은 공간이지만, 이 공간은 훗날 주민 수백만이 모여 사는 엄청난 규모의 대도시로 발전합니다. 이 도시에는 중앙 냉·난방과 환기를 위해서 설치해 놓은 많은 환풍도로들로 복잡하게 얽혀 있습니다.

거대한 개미언덕

아시아와 유럽에 걸쳐 사는 홍개미 집단은 때때로 2m가 넘는 거대한 둥근 지붕 모양의 집을 짓습니다. 이 거대한

홍개미가 만든 거대한 개미언덕의 모양

개미언덕은 밖에서 볼 때 무척 인상적이지만, 이것은 개미 집의 일부일 뿐입니다. 땅속에는 더 거대한 개미집이 숨어 있습니다. 땅속 둥지도 땅위에 있는 개미언덕만한 깊이로 땅속에 뻗어있습니다. 홍개미는 개미언덕 아래 흙속에 수천 개의 굴과 방을 만듭니다. 이 거대한 개미 둥지에는 때때로 100만 이상의 일개미와 수백 마리의 여왕이 살고 있습니다. 둥지가 너무 붐비게 되면 어떤 여왕은 그녀와 함께 일하는 수 천 마리의 일개미들을 데리고 떠납 니다. 그러나 이 개미의 집단은 멀리 떨어지지 않은 곳에 새로운 집단을 만듭니다. 홍개미 집단은 때때로 썩

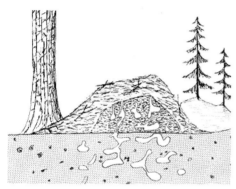

개미언덕의 내부

은 나무 그루터기, 혹은 부드러운 나무속에 어렵지 않게 굴을 파고 방을 만듭니다. 만약 그들이 이런 곳을 찾지 못하면 흙속에 굴을 만듭니다. 그들이 굴을 만드는 것을 보면, 턱으로 땅속에 있는 흙덩이를 옮기면서 여러 개의 작은 구멍을 만든 다음, 그 작은 구멍들이 서로 연결되도록 굴을 뚫고 여러 지하 통로를 추가합니다. 그들은 굴의 한 부분을 확장시켜 방을 만듭니다. 그 집단은 이제 작지만 새로운 집을 갖게 됩니다.

개미 집단이 새 둥지 내에서 안정을 되찾게 되면 개미들은 적들의 위험으로부터 자신을 보호하기 위해 일단 안으로

들어오는 모든 구멍을 막습니다. 그들은 구멍 위에 나뭇잎
조각, 잔가지, 다른 식물들로 더미를 만듭니다. 더 많은
재료들이 쌓이면서 개미언덕은 점점 더 높아지게 됩니다.

먹이 구하러 나온 홍개미

어느 정도의 높이가 되면 개미들은 옆면을 따라서 재료들
을 쌓기 시작합니다. 그러면 둥근 지붕 모양의 개미언덕이
만들어지게 됩니다. 이런 형태의 개미언덕을 '더미둥지'라
고 부릅니다. 이들은 새로운 식구가 늘어날 때마다 더미
내부에 방과 통로를 추가하고 더미를 더 크게 만듭니다.
둥지 내부로 통하는 문들은 여러 가지 식물로 잘 위장해
놓고 개미들은 자신들만이 아는 작은 구멍들을 통해서 출입
합니다. 어떤 개미들은 더미를 높게 쌓는 일을 주로 하고,
어떤 개미들은 땅 표면 아래에 있는 둥지를 더 넓히는 작업을
주로 합니다. 땅속에서 일하는 개미들도 굴과 방을 만들고,

음식을 모으고, 애벌레를 키우는 일 등을 합니다. 여왕 역시 보통 땅 표면 아래 둥지에 삽니다. 여왕은 알낳기를 계속하고 알들이 깨어나면 더 많은 일꾼들이 집단에 결합하게 되고, 둥지는 더욱 커집니다.

먹이를 찾는 홍개미

홍개미들이 사는 둥지는 매우 바쁘게 돌아가는 장소입니다. 일꾼 개미들은 매일 더미 안팎으로 풀 조각, 잎 조각 등을 부지런히 나릅니다. 항상 반복되는 이런 행동이 시간낭비처럼 보일지도 모릅니다. 그러나 그렇지 않습니다. 개미 더미의 내부는 수천 마리의 개미가 숨을 쉬기 때문에 그 열기와 습기로 축축한 상태가 되기 쉽습니다. 따라서 더미 속에 있는 물건들을 햇볕에 말리지 않으면 더미 속은 얼마가지 않아 식물들이 썩어 곰팡이로 뒤덮일 것이고, 홍개미의 집은 곧 폐허가 될 것입니다. 다행히 개미가 열심히 일하기 때문에 이런 일은 일어나지 않습니다. 개미 더미에 따라서는 60년 이상 된 것도 있습니다.

개미 둥지의 내부 온도는 25℃ 정도로 일정하게 유지됩니다. 낮 동안 흙더미는 햇볕에 의해 데워집니다. 만약 둥지 온도가 떨어지면, 수천 마리의 개미들이 흙더미 표면으로 나와 햇볕을 받아 몸을 덥게 만든 다음, 굴속으로 들어가 몸에 남아 있는 열로 둥지 내부의 온도를 올립니다. 이렇게 해서 둥지 내부의 온도를 유지합니다. 반대로 밤에 바깥 온도가 떨어지면 개미들은 둥지로 들어가는 문이나 작은 구멍들을 닫아서 둥지 내부의 온도가 떨어지는 것을 막습니다. 아주 추운 겨울이 되면 개미들은 둥지 가장 깊은 곳으로 들어가 따뜻하게 겨울을 보냅니다. 거기서 개미 집단은 봄이 오기를 기다립니다.

홍개미의 흙더미는 비가 많이 올 때도 물이 쉽게 스며들지 않도록 되어 있습니다. 우선 경사져 있기 때문에 빗물이 빠르게 흘러가고, 흙더미의 표면을 덮고 있는 여러 겹의 식물 층 때문에 빗물이 안으로 쉽게 스며들지 못합니다. 100만 마리의 홍개미 집단이 살아가기 위해서는 어마어마한 식량이 필요합니다. 그러나 이들은 뛰어난 사냥꾼입니다. 매일 일개미들은 파리나 풍뎅이·애벌레·나비 같은 곤충을 10만 마리 이상 사냥합니다. 홍개미들이 먹는 곤충 가운데는 농사에 해를 끼치는 것들이 많습니다. 그래서 사람들은 전통적으로 홍개미를 해충을 막는 데 이용해왔습니다. 이런 까닭에 이 귀중한 개미를 법에 의해 보호하는 나라도 있습니다.

천짜는 개미가 지은 집

주로 열대지역에서 살고 있는 '천짜는 개미'는 아주 독특한 형태의 집을 짓습니다. 이 개미들은 그들의 사촌뻘 되는 다른 종들처럼 나무에서 생활합니다. 이 건축가들은 신선한

나무에 지은 '천짜는 개미'의 둥지

나뭇잎들을 실로 꿰매어 집을 만듭니다.

먼저 천짜는 개미 암컷은 높은 나무위에 알 낳을 나뭇잎 하나를 찾습니다. 이 나뭇잎에 자신이 낳은 알 무더기를 안전하게 붙입니다. 알에서 나온 애벌레가 번데기로 변한 다음, 얼마 되지 않아 일꾼 개미가 됩니다. 여왕이 계속 알을 낳는 동안 일꾼 개미들은 식량을 구하고, 애벌레를 돌보고, 집을 짓습니다.

이들은 집지을 때가 되면 가까이 자라고 있는 두 장의 나뭇잎을 찾습니다. 이들은 서로 협력하면서 일합니다. 일꾼 개미 한 마리가 두 장의 나뭇잎을 끌어당기고 있으면 다른 개미들이 와서 거듭니다. 개미 집단은 우선 나뭇잎 가장자리를 따라 빠르게 일렬로 늘어섭니다. 첫째는 개미들은 여섯 개의 발에 있는 발톱으로 잎에 매달린 채로 몸을 옆에 있는 나뭇잎까지 뻗은 다음, 그들의 단단한 턱으로 두 번째 잎을 잡습니다. 개미들은 뒷걸음을 치면서 두 장의 잎을 당깁니다.

개미가 몸을 뻗어 나뭇잎 사이를 연결하기에 잎들이 너무 멀리 떨어져 있는 경우도 있습니다. 그러나 구원병이 곧 도착할 것입니다. 개미 한 마리가 두 번째 잎을 향하여 몸을 뻗고 있는 동안, 다른 개미가 그 개미 등위로 올라가 몸을 조금 더 앞으로 뻗칩니다. 첫 번째 개미는 두 번째 개미의 좁은 허리 주변에 턱을 딱 붙입니다. 두 개미가 살아있는 사슬이 됩니다. 만약 잎 사이가 이보다 더 떨어져 있어서 두 개미만으로 부족하면 또 다른 개미가 결합하여 보다 긴 사슬을 만듭니다.

두 장의 잎이 충분히 가까워지면, 다른 개미들이 와서 실로 잎의 가장자리를 엮습니다. 잎을 엮는 데 쓰이는 실을 어른 개미들은 만들 수 없습니다. 애벌레들의 몸에서 나오는 끈적끈적한 실을 이용해서 바느질을 합니다. 일개미들은 애벌레를 턱으로 물고 집짓는 공사현장으로 데려와서는 애벌레의 머리를 잎의 한쪽 가장자리에 올려놓고, 더듬이로 애벌레가 실을 뽑아내도록 자극합니다. 애벌레가 실을 뽑아내는 동안 일개미들은 애벌레를 옆에 있는 나뭇잎 위로

애벌레의 몸에서 나온 끈
적끈적한 실을 이용해 나
뭇잎을 붙인 모양

데려갑니다. 이런 동안에도 애벌레들은 계속해서 실을 뽑아
냅니다. 두 장의 나뭇잎 사이에 실로 다리가 생겼습니다.
일개미들은 애벌레를 다른 잎으로 데려온 다음, 애벌레의
머리를 아래로 꾹 눌러서 실이 잎에 달라붙도록 합니다.
이렇게 해서 두 장의 나뭇잎 사이에 바느질 한 땀이 만들어졌
습니다. 일개미들은 애벌레를 두 잎들 사이로 계속 데리고
다닙니다. 애벌레가 움직일 때마다 실이 흘러나옵니다.
다른 개미들도 같은 방법으로 잎의 다른 위치에서 애벌레를

이용해서 두 장의 잎이 잘 고정될 때까지 바느질을 계속합니다. 그런 다음, 두 장의 나뭇잎을 반대편에서 역시 같은 방법으로 잡아당겨 바느질하여 붙입니다. 이제 두 장의 나뭇잎이 천막처럼 되었습니다. 잎이 충분히 클 때는 나뭇잎 한 장을 말아 서로 만나는 모서리를 실로 꿰매어 천막 모양을 만듭니다.

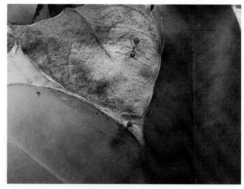

살아 있는 나뭇잎 사이에 낙엽을 덧대어 붙인 모양

첫째는 개미는 실과 잎으로 둥지 안에 굴과 방을 만듭니다. 이들이 집을 만드는 데는 약 하루 정도가 걸립니다. 한번 지은 둥지는 보통 한 달 이상 사용됩니다. 그다음 새로운 집을 짓습니다. 규모가 작은 첫째는 개미 집단은 둥지 하나만으로도 충분합니다. 그러나 집단의 규모가 커지면 새로운 둥지를 만들어야 합니다. 어떤 집단은 100만 마리 이상이 모여 둥지 수만도 150개 이상인 경우도 있습니다. 규모가 이 정도가 되면 하나의 나무에만 집을 짓는 것이 아닙니다. 개미들은 축구경기장 반 정도 되는 숲 속에 20그루 이상의 나무에 둥지를 만들기도 합니다. 개미의 몸이 1.3cm인 것을 생각하면 이런 거주시설은 상상을 초월하는 규모입니다.

첫째는 개미는 그들이 사는 나무에 다른 어떤 곤충들도

살게 놔두지 않습니다. 그들은 아주 사나운 사냥꾼들입니다. 심지어 길을 잃고 헤매는 같은 종족(천짜는 개미)조차도 바로 죽인 다음 먹어치웁니다. 중국에서는 천짜는 개미의 뛰어난 사냥기술을 감귤나무에 있는 해충을 잡는 데 이용해 왔습니다. 겨울이 가까워지면 중국인들은 감귤나무를 천으로 두른 다음, 이곳에 천짜는 개미를 데려옵니다. 곤충들은 겨울을 나기 위해 이 천 속으로 모여들고, 몰려든 곤충들은 천짜는 개미의 밥이 됩니다. 겨울이 지난 다음, 그 천을 걷어내 태우면 해충도 말끔히 없어집니다.

엄청난 규모의 흰개미 집

흰개미들은 나무로 된 건축물·가구·담·전신주 따위를 갉아먹는 해로운 곤충으로 알려져 있습니다. 그들은 또한

흰개미 무리 모습

책이나 지도처럼 종이로 된 물건이나 천으로 만든 옷감 등을 훼손합니다. 그렇다고 흰개미가 나쁜 동물만은 아닙니다. 나무에 구멍을 뚫고, 죽은 나무를 먹고 사는 흰개미는 자연에서 분해자로서의 역할을 합니다. 분해자란 생물들을 썩게 해서 다른 생물들이 이용할 수 있도록 만

흰개미가 갉아먹은 나무

들어 주는 '썩게 하는 생물들'을 말합니다. 이런 생물이 있어야 생물들이 살아가는 데 필요한 영양분이 계속 만들어집니다. 흰개미는 나무를 분해해서 식물이 자라는 데 필요한 영양분을 만듭니다. 물론 나무의 분해자가 흰개미만 있는 것은 아닙니다. 세계에는 3,000종류 이상의 흰개미가 살고 있습니다. 그들 대부분은 따뜻한 열대기후에서 살면서, 동물왕국에서 가장 환상적인 건축물을 만들어 냅니다.

흰개미가 지은 집

흰개미의 집은 종류에 따라, 또 사는 장소에 따라 크기와 형태가 다릅니다. 어떤 흰개미들은 자신들이 살 집을 만들기 위해 자신들이 먹고 있는 나무에 굴을 뚫습니다. 어떤 종들은 흙을 이용해서 바위처럼 단단하

남미에 사는 흰개미의 한 종류가 만든 집

고 무게가 몇 톤씩이나 나가는 거대한 집을 만들기도 합니다. 이런 놀라운 건축물은 한두 마리의 흰개미가 만드는 것이 아닙니다. 흰개미들은 집단으로 살며 협동해서 일을 합니다. 흰개미 집단은 적으면 수백에서 많을 때는 수백만 마리에 이르기도 합니다. 그러나 집단은 왕과 여왕 두 마리의 흰개미로부터 출발합니다.

아프리카의 흰개미가 만
든 거대한 집

흰개미 둥지 만들기

왕과 여왕은 땅위, 또는 젖어서 썩어가는 나무나 말라죽은 나무 같은 곳에 우선 작은 둥지를 만든 다음, 교미를 합니다. 몇 주 뒤에 여왕은 알을 낳기 시작합니다. 왕과 여왕은 알들이 깨끗하게 유지될 수 있도록 작업을 하면서 이들이

나무속에 지은 흰개미 집

깨어날 때까지 계속 알들을 돌봅니다.

알들이 부화하면, 흰개미 부모는 애벌레에게 먹이를 줍니다. 먹이주기는 이들이 스스로 먹이를 구할 수 있을 때까지 계속됩니다. 여왕은 계속해서 알을 낳습니다. 맨 처음 낳은 흰개미들이 자라서 일을 할 수 있게 되면, 이들이 부모를 대신해서 일을 하게 됩니다. 이들이 새로 낳은 알들을 손질하고 보살핍니다. 점점 더 많은 알들이 깨어나면서 집단의 크기가 빠르게 늘어나고 이와 함께 둥지도 점점 더 커집니다.

흰개미 집단에는 왕과 여왕, 병정, 일꾼 3종류의 흰개미가 있습니다. 왕과 여왕은 흰개미

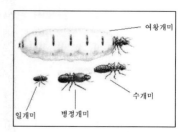

흰개미 무리의 **구성**

흰개미 여왕과 일개미

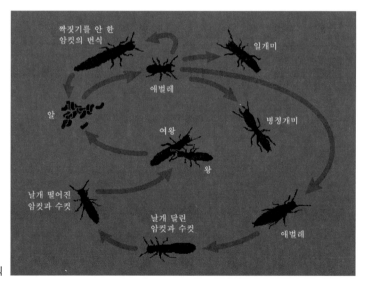

흰개미의 번식

집단을 처음 만들고 알을 낳는 역할을 주로 합니다. 병정들은 집단을 지키는 역할을 주로 하는데, 특히 다른 개미로부터 집단을 지키는 일이 중요합니다. 일꾼들은 병정 흰개미, 새로 태어난 유충들, 왕과 여왕에게 먹을 것과 물을 공급하는 역할을 주로 합니다.

집도 먹어치우는 흰개미

아시아와 유럽, 그리고 북미대륙에서 흰개미들은 집을 통째로 먹어치우는 것으로 알려져 있습니다. 그러나 흰개미들이 일부러 기둥이나 마루 같은 곳에 집을 짓는 것은 아닙니다. 그들은 단지 서늘하면서 습기가 많고 햇볕이 들지 않는 곳에 둥지 만들기를 좋아할 뿐입니다. 집단이 커지면서 일꾼 흰개미들은 둥지를

나무를 갉아먹고 있는 흰개미

더 크게 만들어야 하고, 다른 배고픈 가족들을 먹여 살리기 위해서 더 많은 먹이가 필요해집니다. 일꾼 흰개미들은 매일 먹을 것을 찾기 위해 온 사방을 헤집고 다닙니다. 그러다 나무뿌리를 만나면 뿌리를 먹어치우고, 사람이 사는 집의 기둥을 만나면 기둥을 먹어치우게 되는 것입니다. 그들에게 그 목재가 나무인지 가구인지는 중요하지 않습니다. 그것은 단지 흰개미의 양식일 뿐입니다.

일꾼 흰개미가 나무의 딱딱한 부분을 만나게 되면, 날카롭고 강력한 턱으로 그 내부에 구멍을 뚫고 먹기 시작합니다. 땅속에 사는 흰개미는 먹이를 먹는 동안에도 목재 내부에서 안전하게 숨어있을 수 있습니다. 속에서 나무를 파먹다 나무 껍질로 올라오게 되면 그들이 올라온 자리에 얇은 종이 같은 막이 남습니다. 흰개미는 눈에 잘 띄지 않는 곳에서 일하고, 또 작아서 잘 보이지도 않기 때문에 집을 먹어치우고 있다는 사실을 바로 알기는 어렵습니다.

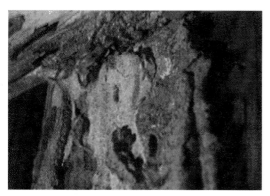

흰개미가 갉아먹은 기둥의 모습

흰개미에 의한 피해

　나무의 잘린 면을 보면, 나이테를 볼 수 있습니다. 나이테에는 밝은 색 부분과 어두운 부분이 번갈아 있습니다. 밝은 색은 봄과 여름, 수분과 양분·햇볕이 풍부할 때 만들어진 것입니다. 나무가 빠르게 자란 부분입니다. 흰개미는 이 밝은 색의 나이테를 따라 나무를 갉아먹습니다. 이 부분이 부드럽기 때문입니다. 나이테의 어두운 부분은 춥고 물을 구하기 어려울 때에 생긴 것입니다. 흰개미는 밝은 부분의 나이테를 먹고 다음 칸으로 가기 전에 이 어두운 부분에서 기다립니다. 이들이 머물고 간 곳에는 작은 구멍이 남습니다.

흰개미가 만든 고속도로

땅속에 사는 흰개미들이 땅위에 있는 목재를 먹기 위해 도로를 만드는 과정은 신비롭습니다. 이 작은 건축가들은 지상으로부터 나뭇조각을 가져오기 위하여 튜브같이 생긴 고속도로를 땅위에 만듭니다. 이런 고속도로를 만들기 위해서 일꾼 흰개미는 흙이나 작은 나뭇조각을 공사현장까지 물고 옵니다. 이들 재료가 정확한 위치에 놓였다 싶으면, 아교같이 생긴 물질을 한 방울 떨어뜨려 이 재료들이 제자리에 잘 붙어있도록 합니다. 그러고는 또 다른 흙이나 나뭇조각을 찾으러 나갑니

벽에 만든 흰개미의 고속
도로

다. 만약 한 마리의 흰개미가 이런 튜브를 만든다고 상상해 보십시오. 무척이나 오랜 시간이 걸릴 것입니다. 하지만 흰개미는 협동을 합니다. 수백 수천의 흰개미가 질서정연하게 각각 맡은 역할을 성실히 수행합니다. 일은 빠르게 진행

됩니다. 튜브가 완성되면, 일꾼들은 둥지와 목재 사이를 빠르고 안전하게 다닐 수 있습니다. 현장에서 목재를 캐는 일꾼 개미들은 그들 몸에서 빠져나간 수분을 보충하기 위해 지하에 있는 둥지로 자주 되돌아와야 합니다. 튜브 내부에서 움직이면, 바깥에서는 보이지 않기 때문에 새나 도마뱀, 다른 개미 같은 적에게 들킬 염려가 없습니다.

환기시설을 갖춘 흰개미 집

아프리카에 사는 어떤 흰개미(매크로텀스 Macrotermes)는 환기시설이 잘 갖추어진 땅속에서 삽니다. 모양은 흙더미처럼 생겼는데 그 크기와 형태는 가지각색입니다. 큰 것은 높이가 6.1m에, 무게가 수 톤이나 나가는 것도 있습니다. 땅위에 보이는 흙더미는 흰개미집의 일부에 지나지 않습니다. 눈에 보이는 땅위보다 땅속에 훨씬 더 큰 둥지가 있기 때문입니다.

아무리 큰집이라도 처음에는 아주 작은 둥지로 시작합니다. 둥지를 처음 만드는 것을 보면 흰개미 한 쌍(왕과 여왕)이 날아와 땅속에 수직으로 약 5cm 가량의 구멍을 팝니다. 그런 다음 바닥을 더 넓히면서 방을 만듭니다. 여러 개의 방을 만든 다음 짝짓기를 하고 몇 주 뒤에 암컷은 알을 낳기 시작합니다.

알에서 깨어나는 흰개미들이 많아지면서 이들이 둥지를 더 넓게 만듭니다. 땅속은 칠흑같이 어둡지만, 이 놀라운

아프리카 흰개미 매크로
텀스의 놀라운 둥지

건축가들은 어둠 속에서도 굴을 뚫고 방들을 서로 연결하고 집 전체가 제대로 기능을 할 수 있게 만듭니다. 굴과 방이 무너져 내리지 않도록 이들은 흙에 침을 발라 회반죽을 만들어서 벽에 바릅니다.

집단이 커지면서 흰개미의 집은 땅속에서 땅위로 확장됩니다. 일꾼 흰개미들이 땅위에 둥지를 만들기 위해 땅속에서 흙을 실어 나릅니다. 그러고는 그 흙에 침을 섞어 적당한 장소에 붙입니다. 침을 섞어 만든 혼합물은 쉽게 마르고 튼튼하게 잘 붙습니다. 일이 계속 진행되면 땅위에 작은 흙더미가 만들어집니다.

흰개미의 흙더미 집은 믿기 어려울 정도로 정교한 '환기시설'을 갖추고 있어서 공기가 집 전체에 잘 퍼져나갈 수 있습니다. 이런 시설을 만들기 위해 그들은 먼저 땅속 둥지에 긴 지하통로를 하나 만듭니다. 지하통로를 만들 때 집 전체가 안전하게 유지될 수 있도록 여러 개의 견고한 기둥을 남겨 놓습니다. 그런 다음 지하통로에서 '흙더미'의 바깥벽으로 연결되는 여러 개의 굴을 만듭니다. 흙더미의 외부와 연결되는 통로도 있습니다. 이런 지하통로는 흙더미의 바닥 위에 만들기 때문에 다른 개미 같은 적들이 지하에서 둥지 안으로 들어오는 것을 막아주는 역할도 합니다. 흰개미는 '흙더미' 맨 위에 다락방과 비슷한 공간을 만듭니다. 이 다락방처럼 생긴 공간에서 흙더미의 바깥벽을 타고 통로들이 연결되어 있습니다.

복잡한 환기시설을 갖춘 내부모습

이제 환기시설이 작동될 시간이 되었습니다. 바쁘게 움직이는 흰개미 몸에서는 열이 발생합니다. 또 버섯 등을 재배하기 위해 내부에 쌓아 놓은 나무들도 썩으면서 열을 내뿜습니다. 더워진 공기는 차가운 공기보다 가볍기 때문에, 둥지를 따라 위로 올라가서 흙더미 꼭대기 바로 아래에 있는 '다락방'에 모이게 됩니다. 다락방에 모인 공기는 다락방에서 시작하는 굴을 타고 '흙더미' 바깥벽 아래의 크고 평평한 방까지 흘러들어 갑니다. 거기서 배기 구멍이 숭숭 뚫린 벽을 통해서 밖으로 새나가게 됩니다.

더운 공기가 위로 올라가 둥지에서 빠져나가면, 흙더미 내부는 자연스런 공기의 흐름이 생겨 밖으로 열린 입기 구멍을 통해 신선한 공기가 들어오게 되고, 흙더미 안을 순환하면서 더워진 내부를 식힙니다. 새로 들어온 차가운 공기는 맨 아래 지하방까지 내려가서 구멍이 숭숭 뚫린 지하천장을 지나서 둥지 속을 통과하면서 위로 올라갑니다. 차가운 공기는 흰개미들에게 산소를 공급합니다. 흙더미를 만드는 흰개미는 시간의 대부분을 그들이 만든 튼튼한 집에서 안전하게 보냅니다. 만약 환기시설이 없었더라면 몇 시간도 되지 않아서 모두 질식해 죽었을 것입니다.

흰개미의 '흙더미'는 흙을 그냥 높게 쌓아올린 것이 아닙니다. 그 안에서는 여러 가지 활동이 진행됩니다. 흰개미 집단의 왕과 여왕은 '왕실'이라고 부르는 특별하게 만들어진 지하공간에서 생활합니다. 평생을 거기서 보내면서 여왕은

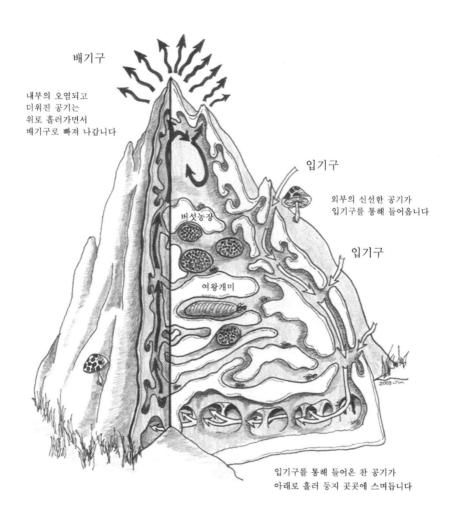

배기구

내부의 오염되고
더워진 공기는
위로 흘러가면서
배기구로 빠져 나갑니다

입기구

외부의 신선한 공기가
입기구를 통해 들어옵니다

입기구

버섯농장

여왕개미

입기구를 통해 들어온 찬 공기가
아래로 흘러 둥지 곳곳에 스며듭니다

매크로텀스 둥지의 환기원리

매일 3만 개 정도의 알을 계속해서 낳습니다. 한 마리의 여왕이 평생 1억 개 이상의 알을 낳을 수도 있습니다.

일꾼들은 왕과 여왕을 씻기고 먹입니다. 그리고 여왕이 낳은 알을 왕실에서 보육실로 옮겨 부화할 때까지 특별히 보호를 합니다. 흰개미들은 버섯을 재배할 수 있는 특별한 방을 만들어 농장으로 사용합니다. 버섯은 흰개미가 입으로 잘게 썰어 놓은 목재 표면에서 자라게 됩니다. 버섯은 흰개미 집단의 중요한 식량으로 이용됩니다. 굴 한쪽에는 버섯 농사를 위해 잘게 썰어 놓은 목재를 저장하는 저장고도 있습니다. 많은 동물이 단지 몇 주나 몇 달을 지내기 위해 집을 만듭니다. 그러나 흰개미는 오랫동안 같은 집에서 생활을 합니다. 80년 이상 같은 집에서 생활한 기록도 있습니다.

진흙으로 빚은 항아리

사람만이 진흙으로 항아리를 만드는 것은 아닙니다. 또 사람이 항아리를 처음 만든 것도 아닙니다. 동물세계에서 호리병벌은 적어도 수백만 년 동안 항아리 모양의 진흙둥지를 만들어 왔습니다. 그래서 어떤 사람들은 우리 조상들이 호리병벌이 만든 항아리둥지를 흉내 내서 항아리를 만든 것이라고 믿고 있습니다.

꿀을 따는 호리병벌

　암컷 호리병벌이 둥지를 만들기 전에 해야 할 일은 두 가지가 있습니다. 먼저 둥지를 지을 적당하고 안전한 장소를 찾는 일입니다. 보통은 바위사이나 나뭇가지, 또는 덤불을 선택합니다. 다음 일은 둥지를 만드는 데 사용할 질척한 흙을 찾는 것입니다. 만약 진흙을 찾을 수 없어 마른 흙만을 써야 한다면, 암컷 호리병벌은 물을 찾아서 위속에 저장하고는 마른 흙이 있는 곳까지 운반해야만 합니다. 그런 다음 마른 흙에 물을 부어 진흙을 만듭니다.

　이제 둥지 만들 준비가 다 되었습니다. 호리병벌은 턱과 앞다리를 사용해서 진흙을 작은 공처럼 만듭니다. 그런 다음 그 공을 턱으로 잡고 둥지를 만들 장소로 옮깁니다. 처음 가져온 진흙덩이들을 바위나 나뭇가지에 대고 눌러서 편평해지도록 만듭니다.
둥지의 바닥을 만들고 있
는 것입니다.

호리병벌이 반죽한 진흙
을 항아리에 덧붙이고 있
습니다.

바닥이 완성되면 호리병
벌은 둥지의 벽을 만들기
시작합니다. 이 일을 하기
위해 바닥 가장자리를 따
라서 진흙으로 꾸러미를 만듭니다. 발과 턱과 배로 둥근
진흙을 눌러서 편평하고 좁은 띠 모양이 되도록 만들면서
바닥의 반 바퀴를 감쌉니다. 호리병벌은 또 다른 진흙 덩어
리로 같은 일을 반복하면서 나머지 반 바퀴를 마저 채웁니
다. 진흙 벽의 첫 번째 층이 제자리를 잡은 것입니다. 계속해
서 진흙 덩이를 이전에 만든 층위에 올려놓고는 얇고 편평한
띠가 되도록 누릅니다. 이렇게 하면서 벽이 점점 높아지는
것입니다. 호리병벌은 진흙 벽을 더 높이 쌓으면서, 중간
부분이 볼록하게 나오도록 만들어 밖에서 봤을 때 둥근
형태의 항아리 모양이 되도록 합니다.

애벌레를 위하여

이 건축가는 항아리 모양이 완성되기 바로 전에 하던
일을 멈춥니다. 지붕에 작은 구멍을 만들기 위해서입니다.
여기까지 하는 데 거의 두 시간이 걸립니다. 그러나 아직
일이 끝난 것은 아닙니다. 이제 작은 진흙 항아리둥지에

알을 낳아야 합니다. 그녀는 지붕에 만든 작은 구멍에 몸의 뒷부분을 넣고 작고 하얀 알을 낳습니다. 이 알은 끝에 가는 실이 매달려 있어서, 암컷 호리병벌은 이 실을 이용해서 알을 천장에 고정시킬 수 있습니다. 이제 둥지에 먹을 것을 넣어줄 차례입니다. 곧 알이 부화하면, 배고픈 애벌레가 태어날 것입니다. 그때를 위해서 어미는 둥지에 넣어둘 풍뎅이나 나방의 애벌레를 찾아나서야 합니다. 이들을 항아리 둥지의 구멍으로 넣어줘야 합니다. 이 사냥꾼은 먹이를 죽이지 않습니다. 다만 강력한 침으로 마취시킬 뿐입니다. 그녀에게 잡힌 애벌레는 살아있긴 하지만 움직일 수는 없습니다. 그렇기 때문에 호리병벌의 애벌레가 깨어나면 싱싱한 먹이를 먹을 수 있게 됩니다.

호리병벌은 둥지 안에 먹이를 넣은 후에도 해야 할 일이 한 가지 더 있습니다. 그녀는 진흙 한 덩이를 둥지로 가져와서 지붕에 난 구멍을 막아야 합니다. 그래야 그녀의 알이 무사할 테니까요. 그런 다음 호리병벌은 또 다른 둥지를 만들기 위해 다른 곳으로 날아갑니다. 어미 호리병벌은 둥지를 만드느라 그렇게 고생하지만 정작 둥지에서 어린 호리병벌이 기어 나와 하늘로 날아오르는 것을 볼 수는 없습니다.

말벌이 지은 집

말벌의 일생

　말벌 하면 보통 야생말벌이나 장수말벌을 생각하게 되지만 땅벌이나 나나니, 쌍살벌도 일반적으로 말벌 종류에 속합니다. 이렇다 보니 말벌은 종류에 따라 크기와 생김새가 무척 다양할 뿐 아니라 사는 방식도 여러 가지입니다.

　말벌은 하얗게 생긴 작은 달걀 모양의 알집에서 일생을 시작합니다. 알에서 깨어난 애벌레는 어른 말벌들이 잡아다 주는 곤충을 먹고 자랍니다. 애벌레는 어느 정도 자라면 먹는 일을 그만두고 몸을 실 같은 것으로 둘둘 말아서 고치를 만듭니다. 번데

쌍살벌

기가 되는 것입니다. 이 기간 동안엔 거의 움직이지 않지만 번데기의 몸은 계속 변합니다. 고치 속에서 충분히 자란 번데기는 어느 날 고치를 뚫고 나와 날아오르게 됩니다. 어른 말벌이 된 것입니다. 어른이 된 다음에는 더 이상

곤충을 먹지 않고 꽃에서 얻은 감미로운 꿀을 먹게 됩니다.

이 세상에는 17,000종이 넘는 말벌이 있습니다. 그러나 어떤 말벌이든 일벌 아니면 여왕, 또는 수벌 가운데 하나에 속합니다. 수벌은 얼마간 살다가 짝짓기 시기가 지나면 죽습니다. 그래서 우리가 보는 말벌은 대개 여왕 아니면 일벌입니다. 이들은 모두 암컷입니다.

말벌 가운데는 여러 마리의 암컷이 알을 낳아 서로 협동하며 사는 사회를 이루는 것도 있지만, 오직 한 마리의 암컷만이 알을 낳고 다른 암컷들은 알 낳는 암컷을 돕기만 하는 사회도 있습니다. 혼자 사는 말벌도 있습니다. 이런 경우의 암컷은 모두 여왕입니다. 그들은 혼자서 둥지를 만들고 알도 낳습니다. 그러나 많은 종류의 말벌은 집단으로 생활을 합니다. 함께 살면서 서로 협력하며 살아갑니다.

종이로 만든 집

아시아와 멕시코, 남미에 사는 사람들은 말벌이 따온 꿀을 좋아합니다. 그러나 이들 말벌이 우리에게 준 선물은 단지 꿀만이 아닙니다. 18세기 초반에 프랑스의 한 과학자는 말벌의 행동을 연구하다가 이들이 나무와 침을 섞어 종이를 만든 다음 이것으로 자신의 집을 짓는다는 사실을 알게 되었습니다. 지금 우리가 쓰고 있는 종이는 말벌이 만든 종이와 성분이 매우 비슷합니다. 또한 암컷 말벌은 다른 방법으로 사람에게 큰 도움을 주기도합니다. 매년

이들은 자신의 애벌레를 키우기 위해 농작물에 해를 끼칠
수 있는 수백만 마리의 곤충을 죽입니다. 말벌의 침은 많은
사람을 두려움에 떨게 합니다. 그러나 말벌은 침을 함부로
사용하지 않습니다. 자신과 자신의 둥지를 보호하기 위해서
만 침을 사용합니다. 그들을 성가시게 하지 않는다면, 그들
이 우리를 괴롭힐 까닭이 없습니다.

종이로 만든 집에서 무리
를 지어 생활하는 쌍살벌

여러분은 종이로 만든 말벌의 집을 본 적이 있을 것입니다.
쌍살벌이나 말벌, 장수말벌 종류는 대체로 종이를 이용하여
벌집을 짓습니다. 이들은 먼저 마른 풀 줄기나 얇은 판자로
부터 얇고 길게 목재를 긁어낸 다음, 이것을 공처럼 말아서
집지을 장소로 가져옵니다. 여기서 목재는 말벌의 침과

섞이고 잘게 썰혀서 펄프라고 부르는 반죽 상태가 됩니다. 이 펄프가 둥지를 만드는 데 사용됩니다. 펄프가 마르면 질기고 방수가 잘되는 종이 둥지가 됩니다. 종이로 만든 둥지의 색깔은 펄프를 만들 때 사용한 목재의 색깔에 따라 달라집니다. 이들의 둥지가 보통 회색인 까닭은 주로 오래된 짚이나 나무로 만든 담장, 헛간의 물받이 등에 있는 목재를 이용해 펄프를 만들기 때문입니다.

쌍살벌이 지은 집

주로 쌍살벌 종류의 야생말벌은 아주 간단하게 종이로 둥지를 만듭니다. 이들의 집은 나뭇가지나 덤불 속에서 발견되지만 집이나 헛간, 차고, 오래된 광에서도 발견됩니다. 이런 종류의 말벌 집이 사람에게 가장 많이 알려져 있습니다.

나뭇잎 위의 쌍살벌

쌍살벌이 종이로 만든 벌집

봄이 오면 암컷 말벌은 가족을 키울 준비를 합니다. 암컷 말벌은 지난 가을 짝짓기를 마치고 겨울 동안 동면을 했습니다. 동면을 마친 이들은 우선 몇 송이의 꽃에서 꿀을 빨아 허기를 채운 다음, 둥지 만들 장소를 찾아 나섭니다. 장소를 정한 암컷 말벌은 둥지 짓는 데 필요한 재료를 구합니다. 나뭇조각을 이용하여 펄프를 만든 암컷 말벌은 집지을 자리에 펄프를 펼쳐 놓습니다. 그 중간쯤에 펄프로 길이 약 1.3cm 정도의 얇고 짧은 줄기를 만든 다음, 이 줄기 끝에서 말벌은 작고 좁은 컵 모양으로 생긴 '벌방'을 만들기 시작합니다. 말벌은 턱과 다리를 사용하면서 습기가 있는 펄프로 얇은 종이벽을 쌓아갑니다. 더 많은 펄프가 컵 가장자리에 덧붙여지면서 벌방은 점점 깊어지게 됩니다.

이 일이 끝나면 말벌은 벌방 안에 알을 낳습니다. 알은 벌방의 벽에 안전하게 잘 고정이 됩니다. 그러고는 처음과 같은 방법으로 먼저 만든 벌방 옆에 또 다른 벌방을 만듭니다. 말벌은 벌방이 만들어질 때마다 그곳에 알을 하나씩 낳습니다. 이렇게 만들어지는 육각형의 벌방 전체를 우리는 벌집이라고 부릅니다.

말벌 애벌레는 어미의 도움 없이는 살아가지 못할 정도로 약합니다. 벌방을 떠나서는 살지 못합니다. 어미 말벌은 이들에게 신선한 곤충애벌레와 꿀물을 먹이면서 정성껏 돌봅니다. 약 2주 후면 말벌 애벌레는 번데기로 변합니다. 번데기로 있는 동안 마지막 변신을 합니다. 3주가 더 지나면,

벌방의 애벌레들

이제 어른이 된 말벌이 벌방에서 기어 나오게 되고, 이들이 둥지의 주인이 됩니다.

어미 벌은 둥지의 여왕이 되고, 태어나는 어린 말벌들은 일꾼이 됩니다. 딸들은 자라고 있는 애벌레를 먹이고 둥지를 더 크게 만듭니다. 여왕은 비어 있는 벌방에 계속 알을 낳습니다. 늦여름이 되면 하나의 야생말벌 둥지에는 200마리 이상의 대가족이 살게 됩니다.

장수말벌이 지은 집

장수말벌이 만드는 둥지는 쌍살벌 같은 다른 말벌이 만드는 둥지에 비하면 훨씬 복잡합니다. 이 건축가들은 야생말벌처럼 종이 집을 만들지만, 그것으론 성이 안 차 벽을 두르고 지붕까지 얹습니다. 그래서 자식들은 야생말벌과 다르게 아늑한 실내에서 자라게 되고, 비바람과 위험한 적으로부터 보호를 받을 수 있게 됩니다.

어미 장수말벌은 봄에 둥지를 만들기 시작
합니다. 처음에는 사촌뻘인 야생말벌처럼 벌
방이 몇 개밖에 안 되는 작고 편평한 종이
벌집을 만듭니다. 그러나 장수말벌은 이 벌집
위에 우산같이 생긴 지붕을 만들고 벌집 주변
에 둥근 벽을 칩니다. 그녀가 일주일 동안

장수말벌

일을 하고 나면, 벌집은 둥근 벽으로 감싸지게 됩니다. 어미
장수말벌은 입구와 출구를 만들기 위해 골프공처럼 생긴
둥지 밑에 작은 구멍을 냅니다. 장수말벌은 둥지의 각 벌방
에 하나씩 알을 낳고, 그들이 어른으로 자랄 때까지 돌봐줍
니다. 어른으로 자란 장수말벌들은 자신들이 깨어 나올
때 부서진 벌집을 수선합니다. 이들 집단은 수가 점점 늘어
나기 때문에 새로 태어나는 식구들이 충분히 머물 수 있도록
자신의 집을 열심히 불립니다.

그러나 벌방을 더 만들려면 벌집을 감싸고 있던 벽을
먼저 제거해야 합니다. 벌집을 더 넓게 만든 후, 일꾼들은
벽을 다시 만들어야 합니다. 일꾼들은 둥지 벽의 가장자리
를 따라서 질척한 펄프 한 덩이를 놓은 다음, 머리를 이쪽저
쪽으로 움직이면서 턱으로 펄프가 얇고 둥근 띠가 되도록
문지릅니다. 펄프는 소용돌이 모양의 얇은 종이막으로 변하
면서 곧 마르게 됩니다. 일꾼들은 이런 종이막이 둥지를
완전히 감쌀 때까지 더 많은 펄프를 계속 붙여갑니다.

장수말벌이 지은 집의 내부

여왕은 새로 만든 벌방에 알을 낳고 이들은 곧 집단 내에 일꾼들로 자리를 잡게 됩니다. 다시 장수말벌의 집은 확장이 필요하고, 집을 넓히기 위해 벽을 헐어야 합니다. 그러나 이번에는 벌집을 더 크게 만드는 것이 아니라 새로운 벌집을 원래 있던 벌집의 아래쪽에 덧붙입니다. 새로운 가족을 위해 집의 평수를 넓힌 것이 아니라 층수를 늘린 것입니다. 장수말벌은 이전 벌집의 중간에 종이 기둥을 튼튼하게 한 다음, 그 끝에 작은 벌집을 만듭니다. 벌방이 필요하면 새로 만든 벌집에 방을 계속 만들면서, 이전 벌집과 새로 만든 벌집 사이에 더 많은 기둥을 만들어 벌집이 튼튼하게 유지될 수 있도록 합니다. 벌집을 아주 정교하게 만들기 때문에 장수말벌은 벌집 사이를 오가며 일할 수 있습니다.

이제 장수말벌은 두 개의 벌집을 사용할 수 있게 되었습니다. 벌집을 만드는 일과 고치는 일은 집단이 커지면서 계속됩니다.

여름 동안 일벌들은 둥지 벽을 허물고 오래된 벌집에 새로운 벌집을 덧붙이고, 벽을 다시 만들면서 둥지를 계속 확장합니다. 어떤 장수말벌의 둥지는 10개 이상의 층으로 되어 있습니다. 매번 둥지의 지붕과 벽은 바뀝니다. 여름이 끝날 무렵이 되면 한 마리의 여왕 밑에는 수천 마리의 일벌들이 있게 되고, 이들의 둥지 역시 10층 이상에, 폭은 30cm로 커집니다.

땅속에 지은 땅벌 집

장수말벌들은 보통 나뭇가지에 둥지를 걸어 놓지만 그들의 사촌뻘인 땅벌들은 장수말벌이 지은 집과 같은 형태의 집을 땅속에 만듭니다. 이른 봄이 되면, 암컷 땅벌은 다른 동물들이 땅에

장수말벌의 집은 벌방이 벽으로 싸여있어 내부가 보이지 않습니다.

파놓은 작은 굴을 찾습니다. 거기에 암컷 땅벌은 굴 천장에 둥지를 매달고 벌집을 만듭니다. 일벌들이 점점 더 많아지면서 굴이 너무 작게 되면 굴속에 있는 흙을 굴 밖으로 파내면서 굴을 넓힌 다음, 둥지를 확장합니다. 이런 점에서 이들은 장수말벌과 같은 종이 제조공일 뿐만 아니라 광부이기도 합니다.

남아메리카의 초고층 빌딩

장수말벌과 땅벌들은 기껏해야 10층 정도의 벌집에서 살지만 그들의 친척뻘인 남미의 어떤 말벌은 초고층 빌딩에서 삽니다. 이 환상적인 열대 말벌 집단의 집은 길고 좁은 종 모양으로 나뭇가지에 걸려있습니다. 이 건축가들은 집단

나뭇가지에 달린 말벌집

여러층으로 이루어진 말
벌집의 모양

으로 일하면서 견고한 나뭇가
지 아래에 둥근 모양의 지붕을
만듭니다. 그들은 종같이 생긴
지붕의 처마를 따라서 펄프를
덧붙여서 바닥을 만듭니다.
바닥을 만드는 것을 보면 습기
많은 펄프를 처마에 붙이고,
펄프가 조금 마르면 다음 펄프
를 덧대는 방법으로 계속 붙여
갑니다. 펄프로 바닥을 다 메
울 때까지 붙여 갑니다. 바닥
을 만든 다음, 그 아래에 작은
벌집을 만듭니다. 작은 벌집이
완성되면 이 말벌은 둥지를 더
크게 하기 위해 같은 일을 계속
합니다. 둥근 모양의 지붕(위
층의 바닥) 가장자리를 조금
더 확장하고, 먼저 만든 바닥 아래쪽에 또 다른 바닥을
만듭니다. 그런 다음 벌집을 만들기 위해 두 번째 바닥
아래에 벌방을 만듭니다. 다시 그들은 지붕의 가장자리를
확장하고, 바닥을 만들고, 또 벌집을 붙입니다.
많은 바닥이 붙으면서 둥지는 점점 더 커집니다. 어떤
것은 둥지의 길이가 60cm를 넘어 내부에 25개의 바닥이 놓인 것도 있습니다. 이 건축가들은 각 바닥의 중간에 작은 구멍을 만듭니다. 그래서 그 둥지 안에서는 어디든지 자유롭게 오갈 수 있습니다.

꿀벌들이 지은 집

대부분 사람들이 벌이라는 말을 들으면, 우리가 먹는 꿀을 따는 곤충을 떠올릴 것입니다. 그러나 정작 우리가 알고 있는 꿀벌은 '꿀벌과'라는 집단의 한 구성원에 불과합니다. 꿀벌과에는 대단히 많은 종류의 벌이 있습니다. 몸 크기도 여러 가지여서 길이가 2mm에 불과한 것부터 25mm 이상 되는 것도 있습니다. 이들 꿀벌과에 속한 벌들은 주변에 있는 꽃들과 특별한 관계를 갖고 있습니다. 꽃이 만들어 내는 꽃가루와 달콤한 꿀물은 벌들의 먹이가 됩니다. 대신 벌들은 식물들이 번식을 잘 할 수 있도록 도와줍니다. 많은 식물이 번식을 하려면 꽃가루가 다른 꽃으로 옮겨

꿀벌

져야만 합니다. 벌들이 먹이를 구하기 위해 이 꽃 저 꽃으로 옮겨 다니면서 꽃가루를 옮겨 줍니다. 그래서 많은 식물은 벌이 자신의 꽃에 많이 모여들도록 아름답고 향기로운 꽃과

감미로운 꿀로 유혹합니다.

두 건축가

사람들은 벌이 커다란 집단으로 살면서 협동을 통해 꿀이
가득한 벌집을 만든다고 생각합니다. 그러나 이것은 잘
알려진 꿀벌이나 땅벌 같은 종류에서나 볼 수 있습니다.
이들은 함께 살고 생존하고 번식하기 위해 서로 협력합니
다. 그러나 대부분의 벌들은 평생을 혼자서 살아갑니다.

벌의 세계에는 흥미로운 두 건축가가 있습니다. 첫 번째
건축가는 꿀벌과 사촌이긴 하지만 밀랍으로 집을 짓는 꿀벌
과 달리 땅속에 집을 만드는 꽃벌들입니다. 사회생활을
하지 않고 혼자 살아가는 꽃벌은 땅속 10cm 깊이에 굴을
파고 삽니다. 처음에는 수직으로 내려간 굴이 얼마 가지
않아 옆으로 휘어집니다. 굴 끝은 꽃가루 덩어리로 된 식량
을 가득 채워 보육실로 이용합니다. 꽃벌은 이 보육실에
알을 낳고 입구를 막아버립니다.

두 번째 건축가는 혼자서 살아가는 어리호박벌입니다.
어리호박벌는 망치와 톱 대신에 몸의 일부를 연장으로 이용
하여 나무속에 구멍을 뚫어서 집을 만듭니다.

혼자 사는 어리호박벌의 경우는 사는 방식이 좀 다릅니다.
겨울 동안 수벌과 암벌은 모두 그들이 나무에 만들어 놓은
둥지에서 겨울잠을 잡니다. 봄이 오면, 어리호박벌은 활동
을 시작합니다. 낮 동안에는 봄꽃에서 꿀물을 구하러 다닙

니다. 그들이 겨울의 허기에서 벗어나 기운을 되찾으면,
겨울 동안 지낸 둥지를 깨끗이 청소하고 둥지를 넓힙니다.
암컷은 짝짓기를 한 후에 자식들을 낳고 키울 둥지를 혼자서
만듭니다. 늦여름이 되면 부모 벌들은 모두 죽고, 부모를
한번도 만나본 일이 없는 다음 세대 벌들이 둥지에서 대를
이어 살아갑니다.

나무속에 만든 굴

자신이 지낼 집과 자식을 키울 육아방을 만드는 일은

나무속에 구멍을 파고 살아가는 어리호박벌

어리호박벌이 꿀을 딴 뒤 자신의 둥지로 날아드
는 모습

모든 어리호박벌 암컷들에게 주어진 중요한 과제입니다. 암컷은 먼저 볕이 잘 들고 눈에 잘 띄지 않는 나무를 찾습니다. 어리호박벌은 여러 종류의 나무에 집을 짓지만 소나무, 아메리카삼나무, 사이프러스, 히말라야삼나무 등에 집짓는 것을 좋아합니다. 그들은 페인트칠이 돼있거나 옹이가 있는 나무는 별로 좋아하지 않습니다. 그래서 페인트가 칠해지지 않은 문간이나 창틀, 서까래 같은 곳, 통나무를 쌓아놓은 곳, 울타리, 장대 등에 집짓는 것을 좋아합니다. 일단 집지을 장소를 찾으면 어리호박벌은 나무속에 집을 만들기 위해 날카롭고 강력한 턱을 사용합니다. 암컷은 지름이 1.3cm 정도 되는 원에 가까운 구멍을 팝니다.

꿀벌이 지은 집

꿀벌 집단은 한 마리의 여왕벌과 일벌, 그리고 약간의 수벌로 구성되어 있습니다. 큰 집단은 5~8만 마리나 됩니다. 여왕벌은 알 낳는 일을 계속하는데 하루에 약 2,000개의 알을 낳을 때도 있습니다. 여왕벌은 보통 여러 해를 살지만 일벌과 수벌은 오래 살지 못합니다. 가을에 일벌이 된 것은 다음해 봄까지 살지만, 여름에 일벌이 된 것은 50일밖에 못 삽니다. 한 벌집 안에 벌이 많아지면 왕실에서 새 여왕벌이 키워지고 처음의 여왕벌은 새 여왕벌이 고치에서 나오기 전에 일벌에 둘러싸여 새 집단을 이뤄 떠납니다. 이것을 분봉이라고 합니다. 새로 탄생한 여왕벌은 수벌을 거느리고 혼인비행을 떠납니다. 여왕벌은 공중에서 짝짓기를 마친 후 집으로 돌아와 알을 낳기 시작합니다. 여왕벌이 될 알은 16일 후에 어른이 되고, 일벌은 21일이 지나야 어른이 될 수 있습니다.

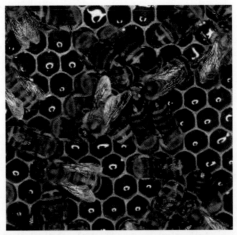

꿀벌과 꿀벌의 벌방

꿀벌의 벌집은 야생상태에서는 수목이나 동굴 틈에 있지만, 양봉은 나무상자에 넣은 틀의 양면에 육각형의 방을 빈틈없이 만듭니다. 일벌은 처음에는 집안청소와 애벌레 돌보는 일을 주로 합니다. 그러나 시간이 지나면서 꿀이나 꽃가루를 채집하거나 저장하는 일, 집을 지키는 일을 하다가 20일이 지나면 그때부터 죽을 때까지 꿀이나 꽃가루 모으는 일을 하게 됩니다.

벌집을 자세히 보면 육각형 방이 다닥다닥 붙어 있습니다. 방들은 꿀을 저장하는 창고이자 아기 벌을 키우는 육아방으로 쓰입니다. 벌이 삼각형·사각형이나 원형이 아닌 육각형으로 집을 짓는 이유는 무엇일까요? 먼저 벌의 몸을 살펴봅시다. 알이나 애벌레, 번데기 시절을 보면 벌의 몸은 거의 원통형에 가깝습니다. 그렇다면 왜 원형의 집을 짓지 않는 것일까요? 그 이유는 원 모양으로 집을 그려보면 금방 알 수 있습니다. 하나의 원은 가장 완벽한 모양이지만 여러 개의 원을 쌓아 놓으면 빈 공간이 생깁니다. 즉 공간의 낭비가 생기게 됩니다. 따라서 원 형태에 가장 가까우면서도 공간의 낭비가 없는 육각형으로 집을 짓는 것입니다. 육각형의 원리는 벌집에만 해당하는 것이 아닙니다. 자연계엔 육각형 구조를 지닌 것들이 많습니다.

꿀벌이 만드는 육각형의 방은 벽의 두께가 0.1mm 정도로 아주 얇고 매끄럽습니다. 일벌은 벌방을 만들 때 더듬이로 벽의 두께를 정확히 알 수 있습니다. 벌방은 아주 튼튼해서 그 안에 꿀을 저장하면 벌방 자체의 무게보다 무려 30배나 많은 꿀을 저장할 수 있습니다. 또한 신기하게도 육각형의 방은 위로 9~14° 정도 경사를 이루고 있어서 꿀이 바깥으로 전혀 흐르지 않게 되어 있습니다. 최근의 연구에 따르면 꿀벌이 집을 지을 때는 지구의 자기장을 이용해서 방향을 잡는 것으로 밝혀졌습니다.

4장
새의 둥지

가운데 집은 아직도 비었구만
설계가 잘못돼서 그래요!

새는 왜 둥지를 만들까?

 프랑스 속담에 '새 둥지를 만드는 것 빼고는 사람이 못할 일이 없다'는 말이 있습니다. 새들은 자연에서 가장 아름답고 경이로운 건축물을 만듭니다. 더욱 놀라운 것은 아주 단순한 도구와 재료만을 가지고 이런 건축물을 능숙하게 만든다는 점입니다. 그들이 만드는 집은 크기와 형태가 매우 다양합니다. 그러나 새들의 집이 영원한 안식처인 경우는 드뭅니다. 보통은 가족을 만들고 새끼를 키우는

둥지 속의 알

둥지 속의 어린 새들

기간 동안 둥지를 만들고 그 이외의 시간에는 둥지에서 살지 않습니다. 어린 새들이 자라 둥지를 떠날 때가 되면 그들의 부모 또한 둥지를 떠납니다. 물론 평생을 같은 둥지에서 사는 새들도 있긴 하지만요.

새들은 크게 두 가지 이유에서 둥지를 만듭니다. 첫째로 둥지는 새가 낳은 알을 위한 요람이 됩니다. 알은 안전하고 따뜻하게 보호되어야만 건강하고 정상적인 새로 태어날 수가 있습니다. 둘째로 둥지는 부화된 어린 새들을 위한 보육원입니다. 부모 새들은 어린 새가 스스로 살아갈 수 있을 때까지 어린 새들을 먹이고 해로운 것들로부터 보호해야 합니다. 어린 새들은 수많은 위험에 노출되어 있습니다. 특히 변화무쌍한 날씨가 가장 위험한 것 중 하나입니다. 때때로 알과 어린 새들은 강한 바람 때문에 둥지 밖으로 떨어지기도 하고, 강한 바람에 실려 온 돌조각에 맞아 몸이 으스러질 수도 있습니다. 야생의 세계에는 새알이나 어린 새끼, 심지어 부모 새까지 노리는 동물들이 많습니다. 새들이 만드는 둥지는 알과 어린 새끼들을 이런 여러 가지 위험으로부터 보호하고 이들이 잘 자라날 수 있도록 하기 위한 보금자리인 것입니다.

둥지를 트는 곳

새들이 둥지를 트는 곳은 생각보다 다양합니다. 평지와 나뭇가지, 나무의 빈 구멍, 덤불 같은 곳은 물론이고 아파트의 베란다, 전봇대, 배나 기차의 지붕 위에도 둥지를 틉니다. 심지어 사용 중인 포크레인에도 둥지를 만듭니다. 때로는

물에 가까운 가지위에 지은 새의 둥지

나무에 구멍을 파서 만든 새의 둥지

어떻게 저런 곳에서 살까 싶지만, 그런 곳에서도 잘 살아갑니다. 모든 조건이 항상 만족스럽게 갖춰지는 것은 아니지만 새들은 먹이를 구하기 쉽고, 알을 낳아 새끼들을 키우고, 새끼들을 침입자들로부터 방어하기 쉬운 곳을 좋아합니다.

완벽한 조건을 갖춘 곳을 찾기란 쉽지 않습니다. 둥지 틀
터를 찾는 데 에너지를 다 써버릴 수는 없는 것입니다.
오히려 주어진 조건에 맞게 집을 짓습니다. 조건이 좋지
않아서 둥지가 쉽게 파괴될 것 같은 장소에는 더 견고한
집을 짓기도 합니다. 새들이 둥지를 짓는
데는 많은 에너지가 소모됩니다. 어떤 새
들은 하나의 둥지를 짓기 위해서 천 번도
넘는 비행을 합니다. 새들에게 비행은 많
은 에너지를 소비하게 합니다. 일단 둥지
에 쓰일 재료가 어디에 있는지를 찾아야
하고 찾은 다음에는 운반해야 합니다. 우
리같이 트럭을 이용해서 한꺼번에 옮길
수 있는 것이 아닙니다.

나무위에 만든 까치 둥지

　부리나 발톱으로 옮길 수 있는 양은 한정되어 있습니다.
따라서 거리에 따라 어떤 수송전략을 쓰는지가 매우 중요한
문제입니다. 예를 들어 부리로 나뭇가지 하나를 물고 집으
로 돌아오면 비행은 간단하지만 비행횟수가 증가할 것입니
다. 10개의 나뭇가지를 모으기 위해서는 10번 왕복해야만
합니다. 한번에 5개의 나뭇가지를 실어 나르면 2번만 왕복
을 하면 되지만, 부리에 나뭇가지를 물고 있는 상태에서
다른 나뭇가지를 찾아 4개에 하나를 더하여 물고 이동한다
는 것은 많은 에너지를 동반하게 됩니다. 비행횟수가 줄어
드는 대신 나뭇가지를 찾아서 물고 수송하는 데 훨씬 많은

집 지을 곳이 없어 전봇대에 지은 까치 둥지

처마 밑에 지은 제비 둥지

에너지가 쓰이게 됩니다. 한번 비행에 몇 개의 나뭇가지를 옮기는 것이 가장 효율적일까요? 그것은 재료가 널려있는 정도와 시간과의 복잡한 상관관계에 의해 결정될 것입니다.

둥지 틀 재료를 구하는 데 많은 에너지가 필요한 경우에 새들이 일반적으로 사용하는 방법은 대체품을 이용하는 것입니다. 예를 들면, 나뭇가지를 구하기 어려운 조선소의 배위에 집을 짓는 까치는 나뭇가지 대신에 흔한 철삿줄을 이용하기도 합니다. 나뭇가지가 더 부드럽고 좋지만 구하는 데 너무 많은 에너지가 소모된다면 쉽게 구할 수 있는 철삿줄만 못할 수도 있습니다. 새들의 둥지에서 철삿줄·헝겊·끈·종이·유리솜, 심지어 시멘트 등이 발견되는 이유입니다. 만약 인공재료가 가까운 곳에 있고 그것이 천연재료를 대체할 수 있다면 새들은 그것을 이용해서 둥지를 만들 것입니다.

집짓는 재료만을 대체하는 것이 아닙니다. 집지을 공간 역시 마찬가지입니다. 언젠가부터 우리는 까치 때문에 골머리를 앓아왔습니다. 까치가 전봇대나 송전탑에 둥지를 틀어 정전사고의 원인이 되고 이 때문에 경제적으로 막대한 피해가 발생하는 것입니다. 둥지 틀 만한 곳이 많지 않다 보니 전봇대 등에 둥지를 틀고, 둥지에 쓰일 만한 나뭇가지가 많지 않다 보니 철사 같은 것을 가져다 둥지를 트는 것입니다. 어쩌면 까치가 둥지를 틀 수 있는 나무들을 우리가 너무 많이 베었기 때문에 어쩔 수 없이 가로수밖에 둥지 틀 곳이 없고, 가로수를 차지하다가 가로수도 모자라 전봇대까지 둥지를 트는 데 이용하는 것인지도

깎아지른 벼랑위에 사는 알래스카 바다 오리

모릅니다. 자연적인 좋은 나무보다 전봇대를 더 좋아할 까치는 이 세상에 없을 것입니다. 예를 들어서 미루나무 같은 걸 참 좋아했는데 미루나무는 거의 다 사라졌습니다.

여러 가지 모양의 둥지

보통 새둥지하면 우리는 나뭇가지에 놓여있는 접시형태의 잔가지와 풀 더미를 떠올리게 됩니다. 사실 자연에는 이런 모양과 재료로 된 둥지가 많기는 하지만 모든 둥지가 그런 것은 아닙니다. 새들이 만드는 둥지는 놀라울 정도로 다양합니다. 둥지를 만드는 위치만 하더라도, 어떤 새들은 땅바닥에 만드는데 어떤 새들은 땅위나 땅속에 둥지를 만듭니다. 또 어떤 새들은 연못이나 습지의 물위에 둥지를 만들기도 하고 나뭇가지에 둥지를 만들기도 합니다. 둥지를 만드는 재료도 다양합니다. 어떤 새는 주로 돌이나 짚으로

가장 잘 알려진 그릇 모양의 둥지

둥지를 만들지만, 어떤 때는 어미 새의 발이 새끼의 둥지가 되기도 합니다. 심지어 사람이 요리해 먹거나 신발처럼 신을 수 있는 둥지도 있습니다. 어떤 새들은 뜨개질을 하고 어떤 새들은 바느질을 합니다. 몇몇 새들은 둥지를 튼튼히 만들기 위해서 진흙을 이용하고, 어떤 새들은 둥지를 고정시키기 위해 아교 칠을 합니다.

비슷한 종류의 새라도 서로 다른 모양의 둥지를 만들기도 하고, 같은 종류의 새지만 사는 장소에 따라 다른 재료를 이용해서 둥지를 만듭니다. 예를 들어 펭귄은 여러 종류가 있는데, 각 펭귄마다 다른 모양에 다른 재료를 이용하여 둥지를 만듭니다. 새들의 둥지 형태는 그들이 어디에 살고 있고 집짓기에 손쉽게 이용할 수 있는 재료가 무엇인지에 달려있습니다. 신천옹은 가까운 곳에 잔가지들이 있으면 그 잔가지를 이용합니다. 집을 짓는 데 필요한 재료가 주변에 충분하면 신천옹은 전형적인 그릇 모양의 둥지를 만듭니다. 그러나 그 지역에 집을 지을 만한 재료가 없으면 땅에 작은 구멍을 내고 그곳에 알을 낳습니다.

덤불 속에 낳은 갈매기의 알

그렇다고 모든 새들이 둥지를 트는 것은 아닙니다. 둥지가 없어도 모든 것을 잘 할 수 있는 새도 있습니다. 황제펭귄은 자신의 발 사이에 있는 부드러운 솜털로 어린 새끼를 보호합니다. 부드러운 솜털이 둥지를 대신하는 것입니다.

둥지를 만들지 않는 새들

모든 새가 둥지를 만드는 것은 아닙니다. 새에 따라서는 알 낳을 장소는 찾아보지만 따로 둥지를 만들지 않는 것들도 많습니다. 어떤 새들은 땅바닥을 약간 긁어내는 정도라도 하지만, 쏙독새 같은 새들은 아예 그런 일조차 하지 않습니다. 그냥 맨 바닥에 두 개 정도의 알을 낳습니다. 그렇다고 아무 곳에나 알을 낳는 것은 아닙니다. 물떼새는 알이

알의 색깔이 주변과 비슷해서 눈에 잘 띄지 않습니다.

다른 동물들에게 들키지 않도록 주변이 알의 색깔과 비슷한 곳을 찾아 알을 낳습니다.

보다 특별한 경우도 있습니다. 쏙독새 종류인 남미의 파투(Potoos)는 나무가 부러져 그루터기가 된 곳에 알을 낳습니다. 어미 새는 그루터기에 앉아 고개를 하늘로 치켜들고 알을 품습니다. 그루터기와 어미 새의 몸 색깔이 하나가 되어 마치 죽은 나무가 서 있는 모양입니다. 어미 새는 보통 자신의 몸과 비슷한 크기의 그루터기를 선택합니다.

그루터기에 알을 낳는 파투

바닷새 가운데는 둥지 없이 바닷가 모래사장에 알을 낳는 새도 많습니다.

　제비갈매기는 더 신기한 기술을 갖고 있습니다. 이들은 절벽 돌출한 부분에 알을 낳습니다. 어떤 곳은 너무 비좁아서 알 두 개를 놓기도 어렵습니다. 장소가 좁을수록 알은 안전하겠지만, 알이 굴러 떨어지지 않을 만한 곳을 찾아내는 것은 쉬운 일이 아닙니다. 이제 막 알을 낳기 시작한 새들은 이런 요령을 터득하기까지 여러 번 실수를 하게 됩니다. 제비갈매기의 몸은 이런 곳에서 살아남을 수 있도록 잘 적응되어 있습니다. 알을 품는 암수는 알을 떨어뜨리지 않고 이런 곳에 접근할 수 있도록 몸놀림을 아주 조심스럽게 합니다. 어린 새끼들은 몸집에 비하여 어울리지 않게 큰 발과 무엇이든 잘 잡을 수 있는 아주 날카로운 발톱을 갖고 있습니다.

재단사새의 둥지 만들기

옷을 만들기 위해 옷감을 자르고 바늘과 실로 바느질을 하는 사람을 재단사라고 합니다. 그러나 재단사가 사람만 있는 것은 아닙니다. 새들의 세계에도 너무 훌륭한 재단사가 있습니다. 참새보다 작은 이 재단사새(Tailorbird)는 정말로 바늘과 실 같은 것을 사용하여 바느질을 해서 둥지를 만듭니다.

재단사새의 모습

재단사새는 중국과 인도, 또 아시아의 다른 지역에서도 발견됩니다.

둥지를 틀 때가 되면 재단사새는 나무에 달린 커다란 잎을 찾습니다. 잎이 아직 나뭇가지에 붙어있을 때 이 새는 바늘같이 길고 뾰족한 부리를 사용해서 나뭇잎의 가장자리를 따라서 몇 개의 구멍을 냅니다. 그리고는 바느질할 실을 찾습니다. 때때로 거미줄을 이용하기도 하고 식물의 줄기나 잎에 있는 섬유질을 실로 이용하기도 합니다. 마을 가까이

재단사새

에 사는 재단사새는 사람이 쓰는 실을 자신의 둥지를 만드는 데 쓰기도 합니다. 실을 구한 재단사새는 다리와 부리를 이용해서 미리 뚫어놓은 구멍이 겹칠 때까지 나뭇잎을 잡아당깁니다. 그런 다음 부리를 이용해서 구멍에 실을 조심스럽게 집어넣고 잡아당겨 잘 조입니다. 실이 구멍 밖으로 빠져나가지 못하도록 이 영리한 새는 중간 중간에 매듭을 짓습니다. 잎의 가장자리를 따라 실을 엮어가면서 원뿔형의 튼튼한 둥지를 만듭니다. 만약 둥지를 만들 만큼 충분히 큰 잎을 찾을 수가 없으면 두 개의 잎을 함께 엮어서 둥지를 만들게 됩니다. 두 잎의 양 가장자리를 따라서 구멍을 뚫고 잎 가장자리를 따라 뚫린 구멍을 서로 엮으면서 두 잎을 붙입니다.

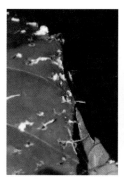
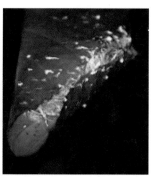

두 장의 나뭇잎을 실로 꿰맨 모양(왼쪽)
꿰맨 나뭇잎 사이로 부드러운 속 재료가 보입니다(오른쪽).

재단사새는 잎으로 엮어 만든 둥지 속에 부드러운 재료를 넣어서 둥지 속을 편안하고 따뜻하게 만듭니다. 이들은 동물들이 떨어뜨린 털이나 양털을 이용하기도 하고, 이런 재료를 찾기 어려우면 식물의 부드러운 부분을 이용하기도 합니다. 재단사

재단사새가 길고 뾰족한 부리로 나뭇잎의 가장자리에 구멍을 뚫어 바느질을 하고 있습니다
(왼쪽). 이런! 나뭇잎이 너무 작았나봅니다. 두 장의 나뭇잎을 꿰매고 있군요(오른쪽).

둥지 속을 편안하고 따뜻하게 하려고 애쓰고 있습니다. 살짝 뜯어보니까 부드러운 재료가
밥그릇 모양으로 잘 다듬어져 있군요(왼쪽). 다 만들어진 둥지는 참 포근합니다. 알을
부화시키는 데도 제격이지요(오른쪽).

새는 둥지 안에 안감을 넣은 다음 가볍게 누르면서 둥지가 작은 그릇 모양이 되도록 다듬습니다. 이 새들은 그릇 모양 속에 알을 낳고 품어 여기서 깨어난 새끼들을 키웁니다.

물위에 만든 둥지

많은 새들이 물 주변에서 살면서 둥지를 틉니다. 그러나 물위에 둥지를 만드는 새는 많지 않습니다. '물에 떠있는 둥지'라고 하면 아마 물위에 둥둥 떠다니는 둥지를 생각할지도 모르지만 실제 배같이 떠다니는 집은 아니고, 안전한 장소에 만든 수상가옥이라는 표현이 더 적합할 것 같습니다. '물에 떠있는 둥지'를 만드는 대표적인 새는 논병아리입니다. 물위에 둥지를 만드는 일이 어려워 보이지만, 논병아리가 둥지를 만드는 것을 보면 의외로 아주 간단합니다. 암수 논병아리는 주변의 갈대나 물풀을 모아서 둥지 틀기에 적당한 장소로 옮긴 다음 물위에 차곡차곡 쌓습니다. 어미 논병아리는 이 물위에 떠있는 풀 더미에 알을 낳습니다.

물위의 둥지 — 사실 물에 떠있는 것은 아닙니다.

이 둥지들은 대개 갈대나 키가 큰 풀들로 둘러싸여 있기 때문에 발견하기가 쉽지 않습니다. 이렇게 갈대나 키가 큰 풀들은 둥지를 보호하는 역할도 하지만 둥지가 다른 위험한 장소로 떠내려가지 않게 하는 일종의 닻과 같은 역할을 합니다. 어쨌든 논병아리는 이런 안전한 장소에 둥지를 틀기 때문에 다른 동물로부터 알과 새끼를 보호할 수 있는 것입니다. 그러나 때때로 어떤 이유인지 둥지가 이런 안전한 장소를 벗어나 누구나

물위에 만든 둥지에서 짝짓기를 하고 있는 논병아리

볼 수 있는 위험한 장소로 떠내려 올 때도 있습니다. 이런 경우에는 둥지 위에 앉아있는 부모가 혹시 누가 가까이 오지나 않을까 하고 고개를 계속 좌우로 두리번거리며 자식들을 보호합니다.

시간이 흐르면서 뗏목같이 생긴 둥지는 물에 잠기게 됩니다. 둥지를 만든 풀들이 물에 젖게 되면서 서서히 가라앉기 시작합니다. 새끼 논병아리가 알에서 깨어날 때쯤 되면 둥지는 이미 물에 흠뻑 젖은 상태가 됩니다. 그러나 둥지가 물에 젖었다고 논병아리 새끼에서 큰일이 나는 것은 아닙니다. 사실 어린 논병아리는 다른 새들에 비

물위 둥지에서 알을 뒤집고 있는 논병아리

해 별로 부모의 도움을 받지 않습니다. 논병아리는 알에서 깨어나자마자 눈을 뜨고, 몸에는 이미 몸을 따뜻하게 보호

해줄 깃털을 갖고 있습니다. 며칠 지나지 않아 새끼들은 부모를 따라 수영을 하고, 또 며칠이 지나면 부모의 도움 없이도 먹이를 구할 수 있게 됩니다.

모랫더미 건축가

오스트레일리아의 남부와 그 주변 섬들에는 알을 부화시키는 방법이 독특한 새들이 있습니다. 보통 새들은 어미 새가 알 위에 앉아 몸에서 나는 열로 알을 부화시킵니다. 그러나 오스트레일리아와 그 부근에 사는 몇몇 종류의 새들은 알을 품는 대신 커다란 모랫더미를 쌓고 그곳에 알을 묻습니다. 이 모랫더미가 부모 새를 대신하여 부화기 역할을 합니다.

모랫더미 둥지를 만들고
있는 유칼리나무새 수컷

이 모랫더미는 놀라울 정도로 일정한 온도를 유지해서 새끼가 잘 깨어 나오게 됩니다. 그래서 이런 건축가를 '모랫더미 건축가' 또는 '부화기를 만드는 새'라고 부릅니다.

이 건축가들이 이용하는 원리는 간단합니다. 모랫더미 속에 있는 나뭇잎이나 나무 부스러기들이 분해될 때 나오는 열을 이용해서 알을 부화시키는 것입니다. 식물체가 죽으면 썩게 되고, 결국 흙으로 돌아가게 됩니다. 이렇게 썩는 과정을 분해라고 하는데, 이런 분해는 분해자라고 부르는 토양 속 박테리아나 세균들에 의해 이루어집니다. 식물체가 이런 분해자에 의해 분해가 될 때 작은 양의 열이 생기게 됩니다. 이 새는 이 열을 이용하는 것입니다.

모랫더미 건축가 가운데 가장 흥미로운 새는 오스트레일리아 중부와 남부에 사는 유칼리나무새입니다. 이 새의 수컷은 매우 부지런하고 헌신적이어서, 1년 중 열한 달을 모랫더미를 만들고 모랫더미에 만든 둥지를 돌보는 것으로 보냅니다. 암컷은 알만 낳고는 나 몰라라 하는데 말입니다.

유칼리나무새가 날카로운 발톱을 이용해 땅을 파고 있습니다.

모랫더미 쌓기

오스트레일리아 대륙은 적도의 남쪽에 있습니다. 아시아와 유럽은 대부분 적도의 북쪽에 있습니다. 적도 북쪽이 여름일 때 적도 남쪽은 겨울입니다. 계절이 반대입니다.

모랫더미 둥지와 유칼리
나무새

오스트레일리아에서는 4~5월이 가을입니다. 이때부터 수
컷 유칼리나무새는 모랫더미 만드는 일을 시작합니다. 먼저
모래로 된 땅에 깊이 약 1m, 폭 2m 정도의 구덩이를 팝니다.
그런 다음 주변에 있는 죽은 나뭇잎과 나무 부스러기들을
모아 구덩이를 메웁니다. 그리고 모래와 썩어가는 잎들로
덮습니다. 일이 끝나고 나면, 약 1m 높이에 지름이 5m 정도
되는 모랫더미가 만들어집니다. 이제 이 새는 모랫더미
속의 온도가 34℃쯤 될 때까지 기다려야 합니다. 보통 넉
달은 필요합니다. 그렇다고 수컷이 그 동안 노는 것은 아닙
니다. 수컷은 모랫더미 주변을 계속 지키면서 모랫더미가
바람에 날리기라도 하면 모래를 다시 모아 제자리에 갖다
놓습니다. 또한 매일매일 모랫더미 속의 온도를 측정합니
다. '이제 암컷을 불러 알을 낳아도 될 만큼 따뜻해졌나?'
하고 말입니다.

너무 뜨겁지도 차갑지도 않게

유칼리나무새는 부리로 모랫더미의 내부온도를 정확하게 측정할 수 있습니다. 부리로 모랫더미 속에서 분해 되고 있는 식물들을 꺼내서 온도를 측정합니다. 예민한 그들의 온도측정기가 모랫더미 속이 너무 뜨겁지는 아닌지, 차가운 지 적당한지를 정확하게 알게 해줍니다. 보통 9월이 되면 보육용 모랫더미는 알 낳기에 적당한 온도가 됩니다. 그때 쯤에 수컷이 모랫더미에 구멍을 뚫고, 암컷과 수컷이 구멍 주변의 온도를 측정합니다. 만약에 암컷과 수컷이 모두 온도가 제대로 되었다고 만족하면 암컷이 구멍 속 에 알을 낳습니다. 그런 다음 수컷은 모래로 알을 덮습니다. 그러나 만약 에 암컷과 수컷 중 한 쪽이라도 온도 가 맘에 들지 않으면 암컷은 그곳에 알을 낳지 않습니다. 대신 그 구멍은 메우고 새로운 구멍을 팝니다. 암컷

숲 속에 지은 유칼리나무새 모랫더미 둥지의 겉모습

은 보통 5일에서 10일 간격으로 알을 낳습니다. 암컷은 번식기 동안에 같은 모랫더미에 30~35개의 알을 낳습니다. 알은 부화할 때까지 50일 동안 모랫더미 속에 있습니다. 암컷이 시간 간격을 두고 알을 낳았기 때문에 새끼가 한꺼번 에 깨어나지는 않습니다. 경우에 따라서는 첫 번째 알을 낳을 때부터 마지막 새끼가 부화할 때까지 일곱 달이 걸릴

수도 있습니다.

온종일 뼈 빠지게

　알에서 새끼가 나올 때까지 모랫더미는 일정한 온도를 유지해야 합니다. 알이 부화하고 있는 동안 수컷은 매일매일 모랫더미의 내부온도를 측정합니다. 보통 수컷은 모랫더미 내부의 온도를 가장 적당한 온도의 1~2℃ 범위 안에서 유지할 수 있습니다. 그러나 계절에 따라 바깥온도가 크게 변하고 이런 변화가 모랫더미의 온도에 영향을 주기 때문에 온도를 일정하게 유지하는 것이 쉬운 일은 아닙니다. 보통 봄에는 잎들이 이제 막 분해가 시작되기 때문에 모랫더미에서 많은 열이 발생합니다. 때때로 너무 많은 열이 발생하기도 합니다. 만약 알 주변 온도가 너무 높으면 수컷은 모랫더미에 구멍을 파서 열이 밖으로 나가도록 합니다. 여름이 가까워지면 식물 대부분이 이미 분해 되어서 봄만큼 그렇게 많은 열이 발생하지는 않습니다. 그러나 따가운 여름햇볕으로 모랫더미의 표면이 더워지기 때문에 수컷은 모랫더미에 흙을 더 두껍게 쌓습니다. 그래야 태양열이 모랫더미를 뚫고 들어가서 알에 해를 끼치는 것을 방지할 수 있습니다.

　가을이 되면 미생물에 의한 식물들의 분해 작용도 끝나고 더 이상 모랫더미에서 열이 발생하지 않습니다. 햇볕도 식어 낮 동안만 모래를 데울 수 있습니다. 이 기간에는 햇볕이 가장 따뜻할 때 수컷이 모랫더미를 열어서 태양의 따뜻한 빛이 안으로 스며들게 합니다. 수컷이 모랫더미의 모래를 걷어내 모랫더미 주변으로 흐트러뜨립니다. 이렇게 함으로써 알들이 태양 볕에 노출되어 따뜻해질 수 있습니다. 오후가 되어 태양 볕이 사그라지면 모래로 다시 알들을 덮습니다. 이렇게 해서 추운 밤 동안 따뜻함을 유지할 수 있습니다.

새끼가 깨어나면 밖으로 나오기 쉽도록 모랫더미 꼭대기까지 길을 뚫습니다. 새끼가 모랫더미 표면까지 도달하면 그렇게 열심히 일 해온 수컷은 자식에게 인사조차 하지 않습니다. 수컷과 새로 태어난 새끼 사이에 서로 아무 관계도 없는 것처럼 말입니다. 그들은 서로 알아보지 못하고 평생 남남으로 지내게 됩니다.

1톤짜리 둥지

같은 크기의 물건이라도 그 물건이 땅위에 있을 때와 공중에 매달려 있을 때의 느낌은 다릅니다. 보통은 땅위와 비교하여 공중에 있을 때 훨씬 더 위협적이고 동적으로 느껴집니다. 나뭇가지위에 놓인 커다란 둥지는 땅위에 놓인 둥지와는 느낌이 다를 것입니다. 더군다나 그 무게만도 1톤이 넘는 거대한 둥지가 나무위나 굵은 줄기 가운데 놓여 있는 모습을 상상해보면 말입니다.

독수리 요새

　높은 곳에 지은 거대한 맹금류의 요새는 두 가지 점에서 다른 새의 둥지들과 다릅니다. 먼저 이들의 요새는 이 집을 처음 만든 건축가가 계속해서 살든, 아니면 같은 종류의 다른 새들이 살건 간에 버려지지 않고 계속 사용된다는 점입니다. 두 번째 다른 점은 보통 새들의 둥지가 잔가지와 풀로 이루어져 있는 반면, 이들 요새는 굵고 큰 나뭇가지들로 되어 있다는 것입니다. 이렇게 재료에 차이가 나는 것은 집주인의 무게가 다르기 때문입니다. 예를 들어서 대머리독수리는 커다란 나무로 둥지를 만듭니다. 이 거대한 새들은 아주 힘이 좋아서 둥지 틀 장소까지 무거운 나뭇가지를 충분히 옮길 수 있습니다.

나무위에 만든 독수리의 거대한 둥지

　　　이들이 집을 짓기 위해서는 먼저 집지을 장소를 찾아야 합니다. 어떤 새들이든 둥지를 만드는 첫 번째 단계는 같습니다. 둥지를 어디에 만들 것인가는 둥지를 만드는 새의 종류에 따라 다르고 새가 사는 지역에 따라 다릅니다. 예를 들어서 대머리독수리는 매우 높은 나무 끝이나 벼랑 높은 곳에 둥지를 틉니다. 대머리독수리는 둥지 틀 장소를 정한 다음, 나뭇가지와 나무막대를 모으기 시작합니다. 나뭇가지 가운데는 길이가 2m가 넘는 것도 있습니다. 이들은 암컷과 수컷 독수리가 같이 집을 만드는 데, 둥지를 틀 장소에 이 나뭇가지를 차곡차곡 쌓습니다. 결과적으로 둥지의 기초가 됩니다. 그런 다음 나뭇가지로 쌓은 둥지의 중간에 부드러운 풀과 깃털을 놓습니다. 부드러운 부분 위에 독수리는 알을 낳고, 부화된 새끼독수리가 하늘로 날 때까지 머물게 됩니다.

지금까지 알려진 가장 큰 독수리 요새는 미국 플로리다 주에 사는 대머리독수리들이 만든 둥지입니다. 이 둥지는 높이가 6m, 폭이 3m 이상이나 됩니다. 이 둥지는 무게만도 거의 3톤에 가깝습니다. 오하이오 주에서는 최소한 35년 동안 사용된 둥지가 발견되기도 했습니다. 이 둥지는 플로리다에서 발견된 것만큼 크지는 않지만 무게가 2톤 가까이 될 것으로 추정하고 있습니다.

둥지 속 새끼에게 먹이를 주고 있는 독수리

둥지 재활용하기

　대부분의 새에게 둥지가 집을 의미하는 것은 아닙니다. 그들은 새끼를 키우기 위해서 둥지를 만듭니다. 그러나 대머리독수리는 다릅니다. 그들은 어린 새끼들이 둥지를 떠난 후에도 둥지를 계속 사용합니다. 그렇다고 매년 둥지를 그대로 사용하는 것은 아닙니다. 다음해 암컷이 알을 낳기 전에 그 둥지에 새롭고 깨끗한 나뭇가지를 얹습니다.

　처음 둥지를 만든 독수리가 그 지역을 떠나게 되면 또 다른 한 쌍의 독수리가 이미 만들어진 그 둥지를 차지하게 될 것입니다. 그들 또한 이미 만들어진 둥지에 새로운 나뭇가지를 더 얹습니다. 시간이 가고 새로운 세대가 새끼를 키우기 위해서 이 둥지를 계속 사용하게 되면서 둥지는 점점 더 커지고 무거워집니다. 이들 둥지는 결국 1톤 이상의 무게가 나가게 됩니다.

값비싼 둥지

　세계 각지의 사람들은 제각기 다른 입맛을 갖고 있습니다. 한 문화권에서 맛있게 느껴지는 음식이 다른 문화권에서는 혐오스럽게 느껴지는 경우도 있습니다. 지난 200년 동안 중국 사람들은 칼새라고 부르는 작은 새가 지은 둥지를 채집해서 먹었습니다. 지금은 중국뿐 아니라 세계 다른 지역에 사는 사람들도 칼새가 만든 둥지를 즐겨 먹습니다. 어떻게 새둥지를 먹죠? 가장 흔한 방법으로는 '새둥지 스프'를 만들어 먹습니다. 보통 중국에서 만든 것은 접시에 담아 먹는데 양념이 들어가고 맛있게 요리가 됩니다. 그 요리는 아주 비싸지만 영양가는 별로 없습니다. 세계 각지에 살고 있는 미식가들이 이 요리를 찾고 있지만 이 둥지의 건축가들은 아시아에만 삽니다.

특별한 건축재료

칼새들은 둥지를 짓는 데 타액(침)을 이용합니다. 타액은 동물의 입이 마르지 않게 하고 소화를 돕는 액체입니다. 그러나 칼새가 둥지를 짓는 데 사용하는 타액은 조금 다릅니다. 칼새의 타액은 마르면 매우 딱딱해지기 때문에 둥지를 만들기에 좋은 건축 재료가 됩니다. 그래서 칼새는 건축 재료를 찾기 위해 따로 귀중한 시간과 노력을 들일 필요가 없습니다. 재료는 이미 준비돼 있기 때문에 둥지 틀 좋은 장소만 찾으면 됩니다. 이 새들은 커다란 동굴 속 높은 곳을 집 지을 장소로 자주 이용합니다. 이런 장소가 나쁜 날씨에도 그들 자신과 새끼들을 보호하고, 어린 새끼를 다른 동물로부터 안전하게 지키기에 좋습니다.

집지을 장소를 찾고 나면 수컷 칼새는 둥지를 만들기 시작합니다. 수컷은 혀로 벽면에 타액을 한 방울 떨어뜨립니다. 타액은 끈적끈적해서 더 많은 타액이 입안에 고이게 됩니다. 새가 벽면에서 머리를 돌릴 때마다, 본드를 바닥에 붙인 후에 윗면을 살짝 잡아당기면 쭉 끌려올라오듯이, 타액으로부터 가는 실이 나와서 얇은 면을 만듭니다. 칼새는 머리를 둥글게 움직여서 둥지의 모양이 초승달이나 반달 모양이 되도록 합니다. 그리고 그 위에 타액을 계속 덧붙여서 완전한 그릇 모양의 둥지를 만듭니다.

추가작업

둥지는 거의 타액으로 되어 있습니다. 다른 불순물이 거의 없다 보니 사람들에게 음식으로 손쉽게 이용될 수 있습니다. 사람들이 돈벌이를 위해 칼새의 둥지를 뜯어가면 칼새는 전과 같은 과정을 다시 밟아 집을 짓습니다. 그러나 두 번째 둥지의 성분은 첫 번째 둥지와 다릅니다. 완전히 타액으로 된 것이 아닙니다. 왜냐하면 칼새가 타액을 무한히 만들 수 있는 것이 아니라서 둥지를 만들기 위해 다른 재료를 사용하기 때문입니다. 두 번째 둥지는 첫 번째 둥지에 비해 값은 매우 싼 편이지만 사람들은 돈벌이를 위해 종종 두 번째 둥지도 채집합니다. 만약 두 번째 둥지까지 채집이 되면 칼새는 이제 나뭇조각에 타액을 발라 집을 짓지만 그것에는 타액이 별로 없습니다. 이런 집들은 별로 가치가 없어 채집이 되지 않기 때문에 결국 칼새들이 주로 이용하는 집이 됩니다.

칼새뿐만 아니라 벌새들도 집을 짓기 위해 타액을 사용합니다. 그러나 벌새는 순수한 타액 둥지를 만들지는 않습니다. 주로 식물을 재료로 사용하고 타액은 이 재료들을 붙이는 데 사용합니다. 칼새 둥지와 달리 벌새의 둥지는 먹지 못합니다.

진흙으로 만든 집

옹기장이는 진흙으로 옹기를 빚는 사람입니다. 사람이 진흙으로 여러 가지를 만드는 것처럼 새들도 진흙으로 여러 가지를 만듭니다. 그 가운데 가장 재미있는 둥지는 적갈색의 오븐버드(Ovenbird)가 만드는 것입니다. 그들은 진흙을 이용해 한쪽 구멍이 열려있고 속이 빈 형태로 딱딱한 공모양의 집을 만듭니다. 이 모양이 아메리칸 인디언이나 초기 유럽 정착민들이 사용한 빵 굽는 오븐(화덕)과 유사하다고 해서 그들을 오븐버드라고 부릅니다.

적갈색의 오븐버드는 참새보다 약간 더 큽니다. 그리고 중앙아메리카나 남아메리카에 삽니다. 둥지를 지을 때가 되면 암컷과 수컷은 함께 일합니다. 왜냐하면 둥지를 다 짓기 위해서는 많은 에너지가 필요하기 때문입니다. 시작해서 끝날 때까지 2주 가량 그들은 재료를 모으고 집을 짓습니다. 이 기간 동안 약 2,000조각의 진흙을 모읍니다.

섞기와 붙이기

어떤 오븐버드는 둥지를 담장꼭대기나 나뭇가지, 또는 사람이 사는 집 지붕위에 짓습니다. 장소를 정하면 둥지를 만들기 시작합니다. 암컷과 수컷은 처음에 바닥 만들 진흙 조각을 모읍니다. 그리고 주변의 풀을 진흙과 섞습니다.

풀이 진흙을 결합시키는 효과가 있기 때문에 진흙이 마르면 집이 더 튼튼해집니다. 풀과 진흙이 섞인 재료가 마련되면 부리와 발로 그것을 원하는 장소에 옮겨놓습니다. 오븐버드는 단단한 기초를 만들 때까지 이 일을 계속합니다. 그런 다음 오븐버드는 기초 위에 벽을 세웁니다.

나뭇가지 사이에 오븐(화덕)을 닮은 둥지를 만들고 있는 오븐버드

벽이 점점 높아지면 이 건축가들은 벽을 안으로 굽혀서 둥근 모양의 지붕이 되도록 만듭니다. 또 문으로 사용하기 위해 벽의 한 부분을 뚫린 상태로 남겨둡니다.

비밀의 방

둥지를 완성하기 전에 오븐버드는 진흙집의 안쪽에 또 하나의 벽을 만듭니다. 즉, 두 개의 공간으로 내부를 나눕니다. 그 벽은 둥지의 바닥에서 거의 지붕까지 닿습니다. 하지

만 한 방에서 다른 방으로 움직일 수 있도록 그 벽의 꼭대기에 작은 공간을 남겨둡니다. 문 입구의 바로 안쪽은 아주 좁은 현관방입니다. 내부 벽의 다른 한쪽이 더 큰 뒷방입니다. 거기에 그들은 알을 낳게 됩니다. 풀과 다른 부드러운 것을 바닥에 깝니다. 오븐버드는 실제로 방을 하나만 이용하면서 왜 방이 두 개인 집을 지을까요? 에너지가 남아돌아서 그런 것은 아니고, 어떤 목적이 있기 때문입니다. 만일 오븐버드가 방이 하나인 집을 짓는다면 그 방에 있는 알과 어린 새끼들은 그들을 노리는 약탈자에게 쉽게 들킬 것입니다. 이런 사고를 막기 위해 오븐버드는 둥지입구로부터 알이 있는 곳을 또 하나의 벽으로 분리했습니다. 만약 다른 동물이 둥지 안을 들여다보더라도 빈 방밖에 볼 수 없을 것입니다. 안쪽에 있는 둥지는 안전할 것입니다.

오븐둥지 작업은 약 2주 가량 걸리고, 이 작업이 끝나면 직경이 약 30cm, 무게 4.5kg 가량의 집이 만들어집니다. 그러나 이 둥지는 아주 짧은 기간만 사용됩니다. 다른 많은 새들과 마찬가지로 오븐버드는 둥지를 새끼 키우는 데만 사용합니다. 어린 새끼가 알에서 깨어나 둥지를 떠날 때까지 약 6주 정도만 이 둥지를 이용합니다. 어린 오븐버드들이 그 둥지에서 더 머무르고 싶어도 6주 이상 머물 수가 없습니다. 여름이 다가오면 뜨거운 햇볕이 진흙 둥지에 내리쪼이고 그 내부온도가 올라갑니다. 둥지는 진짜로 오븐이 됩니다. 오븐버드는 열 때문에 그 속에서 더는 살 수 없습니다.

나뭇가지에 걸린 둥지

여러분은 새 둥지를 신발로 신고 다니는 사람을 상상해본 적이 있나요? 겨울에 동유럽의 어린이들은 때때로 작은 새가 만든 따뜻하고 튼튼한 둥지를 슬리퍼처럼 신고 다닙니다. 동부아프리카의 어떤 지역에서는 새가 엮어 만든 이런 종류의 둥지를 주머니로 사용하고 있습니다. '매달린 둥지를 짜는 박새'라고 알려진 이 신발제조공은 참새보다 작습니다.

나무에 매달린 둥지1

풀로 주머니 짜기

이른 봄에 수컷 '매달린 둥지를 짜는 박새'는 둥지를 만들기 시작합니다. 둥지 만들기는 보통 수컷 혼자서 하는데, 수컷은 먼저 길고 튼튼한 풀줄기를 찾아 나섭니다. 수컷은 부리로 풀을 문 채 나뭇가지 끝으로 날아간 다음, 가지 주변을 수십 차례 돌아서 풀줄기를 나뭇가지에 고정시킵니다. 풀줄기의 한 끝이 나뭇가지 끝에 단단히 고정이 되고, 다른 끝은 그 아래 매달리게 됩니다. 이 새는 같은 방법으로 더 많은 풀줄기를 나뭇가지에 덧붙입니다. 풀줄기가 여러 가닥 가지에 붙게 되면, 풀줄기를 두 그룹으로 나누어, 부리와 발을 이용해서 한번에 양쪽에서 한 가닥씩 풀줄기를 잡아 두 끝을 서로 엮기 시작합니다. 매달려 있는 모든

매달린 둥지2

동아프리카의 '둥지짜는
박새'가 만든 둥지

풀줄기의 끝을 두 가닥씩 다 엮고 나면 둥지는 손잡이를
가진 바구니 모양이 됩니다.

둥지는 지금 두 개의 벽과 하나의 바닥만 있습니다. 다음
단계는 뒷벽을 만드는 일입니다. 이 일을 하기 위해, '매달린
둥지를 짜는 박새'는 손잡이와 바구니 바닥 사이를 더 많은
풀줄기로 엮습니다. 이 일이 끝나면, 둥지는 앞문이 열린
'서양의 먹는 배' 모양의 둥지가 됩니다. 여기서 일이 끝나는
것은 아닙니다. 이 뛰어난 건축가는 둥지에 앞 벽을 더
붙이고는, 앞 벽의 맨 윗부분에 문으로 사용할 작은 구멍을
남깁니다.

매달린 둥지의 내부
모습

수컷 박새는 대개 한 달 동안 둥지 만드는 일을 하고, 아직 완성이 되지 않았을지라도 집밖으로 나가서 짝을 찾아볼 수는 있습니다. 짝을 찾게 되면 둘이서 함께 둥지 만드는 일을 하게 됩니다. 그들은 식물의 솜털같이 부드러운 부분을 모아서 둥지의 안쪽을 채웁니다. 이런 솜털 같은 재료는 외벽을 더욱 튼튼하게 하고 둥지를 따뜻하게 하는 데 도움을 줄 것입니다.

안전한 둥지

마침내 '매달린 둥지를 짜는 박새'는 그물 모양의 건물을 완성하고 둥지를 사용할 준비가 다 되었습니다. 이 걸작품은 전 세계에 있는 새들이 지은 집 가운데 가장 훌륭한 것입니다. 그 둥지는 이 새가 알을 낳고 새끼들을 키우기에 알맞도록 튼튼하고, 따뜻하고, 잘 건조되어 있습니다. 게다가 동물들이 올라갈 수 없는 나뭇가지의 끝에 매달려 있기 때문에 그 박새가족은 적들로부터 안전하게 지낼 수 있습니다.

수컷(바깥쪽)이 만든 둥지의
상태를 살펴보고 있는 암컷
박새(안쪽)

어떤 박새들은 둥지를 버드나무 가지 끝에 지어 더 안전하게 만듭니다. 이 가지들은 매우 길고 가늘면서 수직으로 아래를 향하고 있어 그 가지 끝까지 올라갈 수 있는 동물은 거의 없습니다.

두발 둥지

남극의 남극점 주변보다 새들이 살아가기에 더 어려운 조건을 가진 곳은 세계 어디에도 없을 것입니다. 냉장고 속은 남극점의 기온에 비하면 따뜻한 편입니다. 시속 160km 가 넘는 차가운 바람이 불기도 하고, 기온이 영하 68℃ 이하로 떨어지기도 하니까요. 그런데 이런 혹독한 환경에서 살아가는 동물도 있습니다. 황제펭귄(Emperor penguin)입니다.

황제펭귄은 펭귄 무리 가운데 가장 몸집이 큽니다. 다자란 황제펭귄은 키가 1.2m 정도고 몸무게는 34kg 이상 됩니다. 몸무게의 많은 부분은 두꺼운 지방층이 차지합니다. 이 지방층이 그들을 따뜻하게 보호합니다. 황제펭귄은 차가운 남극 바다에 사는 물고기와 다른 작은 생물들을 잡아먹습니다. 황제펭귄의 뻣뻣한 날개는 지느러미와 같은 역할을 해서 수영을 잘 할 수 있습니다. 펭귄의 발에는 오리발처럼 물갈퀴가 있고, 발이 고무처럼 탄성이 강하기 때문에 헤엄을 칠 때 강한 추진력을 갖게 해줍니다.

남극에서 겨울이 시작될 즈음, 이때는 태양도 전혀 뜨지 않는 계절인데, 황제펭귄은 번식기에 가까워집니다. 그들은 바다 근처의 빙산에 모입니다. 이곳이 펭귄들의 번식장소가 될 것입니다. 이곳에서 암컷이 연한 녹색의 알을 하나

낳으면 수컷은 알을 따뜻하게 보호하기 위해 부리로 알을 굴려서 자신의 발끝에 올려놓습니다. 그러나 이것만으로 알이 따뜻하게 보호되지는 않습니다. 펭귄의 늘어진 뱃가죽과 부드러운 깃털이 알을 감쌉니다. 이 늘어진 뱃가죽은 수컷의 발을 덮을 정도로 충분하니까요. 이때부터 알들은 두 달을 거쳐 아빠의 체온($33℃$)에 의해 부화가 됩니다.

어린 펭귄을 돌보고 있는 수컷 황제펭귄

수컷은 알을 발끝 위에 안전하게 놓은 상태로 발을 끌며 짧은 걸음으로 주변을 다니기도 합니다. 그러나 대부분의 시간을 같은 장소에서 다른 수컷들과 함께 움직이지 않고 서 있습니다. 추위를 막기 위해서는 집단으로 모여 있는 것이 훨씬 좋겠지요.

암컷은 알을 낳고는 바로 바다 쪽으로 걸어갑니다. 한두 달 지나서 알이 부화될 때쯤 돌아옵니다. 식물도 자랄 수 없는 얼어붙은 땅에 수컷이 먹을 만한 것이 있을 리 없습니다. 수컷은 알을 부화시키는 두 달 동안 아무 것도 먹지 않습니다. 알이 부화될 때쯤이면 수컷은 몸무게가 11kg 가량이나 빠집니다. 이것은 수컷 전체 몸무게의 3분의 1 정도에 해당하는 것입니다. 암컷이 돌아오면 새로 태어난 새끼를 돌보는 임무를 교대합니다. 이번에는 수컷이 먹이를 구하고 몸을 회복하기 위해 바다로 나갑니다. 어

암컷이 돌아와 교대할 때까지 수컷 황제펭귄은 거의 먹지도, 움직이지도 않습니다.

린 새끼는 암컷의 발끝 위에 편안히 앉아 있게 되고 암컷의 따뜻한 몸 아래 약 5주 동안을 포근하게 지냅니다.

몇 주 뒤에 수컷이 다시 번식지로 돌아오면, 지금까지 암컷이 하던 새끼 돌보는 일을 수컷이 하게 됩니다. 어린 펭귄이 충분히 자라면 암컷·수컷·어린 펭귄이 모두 바다로 나가서 먹이를 구합니다.

굴속에 지은 둥지

물총새가 둥지를 트는 장소

모든 새가 땅위 높은 곳에 둥지를 트는 것은 아닙니다. 어떤 새들은 다른 동물들이 사용하던 은신처를 이용합니다. 이들은 집짓는 데에 거의 힘을 들이지 않습니다. 어떤 물총새들은 땅속에 둥지를 짓습니다. 이 광부 새들은 매우 열심히 일합니다. 암컷과 수컷은 집짓는 일을 하는 동안 서로 협력을 합니다. 흙이 언제나 부드러운 것은 아니기 때문에 굴을 파는 것이 그렇게 단순하지 않습니다. 만약 굴을 파기에 적당하지 않은 땅에 집을 만들다가는 굴이 무너져 산 채로 굴속에 갇힐 수도 있으니까요. 일반적으로 굴을 파고 사는 새들은 진흙성분이 어느 정도 들어 있는 땅을 좋아합니다. 진흙은 잘 달라붙고 단단해서 굴을 만들기에 좋은 소재가 되기 때문입니다.

물고기잡이의 명수 뿔호반새

새들은 발과 부리를 이용해서 굴을 팝니다. 이런 단순한 도구만을 갖고도 새들은 때때로 길고 좁게 땅속으로 깊이 들어간 굴을 팔 수 있습니다. 굴 끝에는 굴보다 조금 더 큰 방이 있습니다. 이 방에서 알을 낳고 알에서 깨어난 새끼들을 돌보게 됩니다. 둥지가 굴 끝에 있으면 안전하다고 생각

할 것입니다. 하지만 물총새
와 사촌인 뿔호반새들은 혹
시 모를 사고에 철저히 대비
를 합니다. 뿔호반새는 둥지
를 더 안전하게 만들기 위해
서 특별한 장치를 덧붙입니
다. 뿔호반새는 보통 물가에
있는 둑에 굴을 파는데, 일단
둥지 만들 장소가 결정되면,

물총새와 물총새가 만든
땅속 둥지(사진 위쪽)

암수 뿔호반새가 교대로 날아올라 굴 만들 자리를 부리로
계속 쪼아서 결국 둑에 작은 흠집을 만듭니다. 그런 다음
작업은 더욱 빨라져 작은 발로 구멍의 가장자리를 잡고는
부리로 흙을 계속 파냅니다. 굴이 점점
깊어지면, 한 마리는 흙을 계속 파내고
다른 한 마리는 파낸 흙을 발을 이용해
굴 밖으로 버립니다. 암수 한 쌍의 뿔호
반새가 3m 가량의 이런 굴을 만드는
데는 3주 정도 걸립니다.

먹이를 물고 굴로 돌아오는 물총새

　뿔호반새의 이런 고된 작업은 헛되지
않습니다. 자식들에게 안전한 안식처
를 제공하게 되기 때문입니다. 이런 가파른 둑에 만든 굴까
지 들어올 수 있는 침입자는 거의 없습니다. 뱀도 어렵습니
다. 이들은 둥지를 더욱 안전하게 만들기 위해 굴을 만들

때 굴이 약간 위쪽을 향하도록 만듭니다. 강한 비바람이 몰아칠 때를 대비해 굴에 물이 차 새끼들이 빠지는 일이 없게 하기 위해서입니다.

　새끼들이 자라 굴을 떠날 때가 되면, 그들은 굴 입구까지 걸어 나옵니다. 위기의 순간이 온 것입니다. 이제 하늘로 높이 날아올라야 합니다. 실수는 있을 수 없습니다. 실수는 곧 죽음입니다. 높은 벼랑에 만든 굴에서 떨어지면 그것으로 끝입니다. 다행히 대부분의 뿔호반새 새끼는 잘 날아올라 새로운 생활을 시작할 수 있습니다. 이들 새끼들 역시 언젠가 이 둑으로 다시 날아와 자신들의 새끼를 키우기 위해 굴파기를 시작하겠지요.

5장
포유류가 지은 집

홍수에도 끄떡없는 설계를 합시다!

· 초청강사 비버

ⓒ 유원재. 1999

포유류에 대하여

대부분의 사람들은 새나 물고기는 쉽게 구별을 하면서도 포유동물에 대해서는 그렇지 못한 경우가 많습니다. 이렇게 혼동을 하게 되는 까닭은 포유류의 경우 생김새와 살아가는 방식이 워낙 다양하기 때문입니다. 개와 고양이·말·곰·호랑이, 그리고 사람은 포유류입니다. 고래와 돌고래, 물개들도 포유류에 속합니다. 포유류가 살지 않는 곳은 없습니다. 어떤 것은 바다에서 살고 어떤 것은 땅속에서 살기도 합니다. 또 어떤 동물은 나무에서 살고 어떤 것들은 사막에서 삽니다. 이 동물들은 여러 면에서 서로 많이 다르지만, 새끼들이 엄마의 몸에 있는 특별한 샘에서 나오는 젖을 먹고산다는 점에서 똑같습니다. 그래서 포유류(젖먹이동물)라는 이름이 붙었습니다.

왜 포유류는 집을 지을까?

많은 야생동물은 굶주리거나, 다른 동물에 잡아먹히거나, 병에 걸리는 등 여러 가지 위험한 환경에서 살아가고 있습니다. 결국 이런 위험을 잘 피하고 살아남는 것들만이 자손을 지구상에 계속 남길 수 있게 될 것입니다. 이런 여러 가지 위험을 피하고 자식을 안전하게 키우기 위해서는 은밀한 안식처가 필요합니다. 포유류 역시 크건 작건, 약하건 강하건 간에, 쉴 수 있으면서 또 가족을 돌볼 수 있는 시간과 장소가 필요합니다. 그러나 이런 때가 동물들에게는 가장 위험한 순간이기도 합니다. 포유류들은 자신과 자식들을 보호할 수 있는 다양한 방법을 갖고 있습니다. 말이나 소처럼 같은 종끼리 무리를 지어 살아가는 방법도 있고, 너구리나 여우같이 잘 보이지 않는 곳에 은밀한 안식처를 만드는 방법도 있습니다. 대부분의 동물은 집을 만들어 자신과 새끼를 보호합니다.

침팬지나 다람쥐 같은 포유류는 땅위에 집을 짓습니다. 그러나 오소리, 두더지, 또는 프레리도그^(북미에 사는 마멋) 같은 동물들은 땅속에서 삽니다. 사향쥐나 비버 같은 동물들은 물속이나 물가에 자신의 집을 만듭니다. 집의 형태도 침실만 있는 단순한 것으로부터, 집을 만들기 위해 주변 환경을 복잡하게 바꾼 것까지 매우 다양합니다.

동물들이 집을 짓는 데는 본능이 중요한 역할을 하지만, 많은 동물은 경험을 통해 기술을 향상시킬 수 있는 학습능력을 갖고 있습니다. 우리가 만나게 될 대부분의 포유류는 다양한 경험과 잘못으로부터 새로운 것을 배우고 틀린 것을 고칠 줄 아는 '생각하는 동물들'입니다. 매번 집을 지을 때마다 조금씩 다르게 짓고, 이전 집에 비하여 좀더 안전하고, 편안하고, 견고한 집을 짓게 될 것입니다. 포유류는 지식을 배우고 활용할 수 있기 때문에 같은 종의 동물들이라도 완전히 똑같은 집을 짓는 것은 아닙니다.

땅속에 집을 짓고 사는 동물들

동물들의 모든 행동을 의식적인 것이라고 말할 수는 없지만, 동물들이 집지을 장소를 정할 때는 대체로 자식을 키우고 식량을 구하는 데 너무 많은 시간과 에너지가 들지 않는 곳을 선택하게 됩니다. 포식(육식)동물들은 전망이 좋고 시야가 트인 곳을 선호하는 경향이 있는 반면에 초식동물같이 포식당할 위험이 높은 동물들은 은폐된 장소를 선택하는 경향이 있습니다. 일단 장소가 결정되면 집을 만듭니다. 어떤 동물은 땅을 파서 둥지를 만듭니다. 이들이 만드는 땅속 집은 이들의 은신처일 뿐 아니라 새끼를 양육할 공간이기도 합니다. 어린 새끼들은 기온과 습도의 변화, 질병 등에

민감하기 때문에 부드럽고 쾌적한 공간이 필수적입니다. 이러다 보니 설계할 때부터 보온과 배수를 고려해야 합니다. 굴을 파고 사는 동물들은 보온과 포식자의 접근을 막기 위해 입구를 좁게 하고, 어린 새끼들의 방은 안전을 위해 굴 가장 깊은 곳에 만듭니다. 잠을 자거나 새끼를 기르는 방들은 건조해야 하기 때문에 배수가 잘 되도록 위쪽으로 경사져 있습니다.

곰이 만든 집

다람쥐나 너구리처럼 곰이 겨울동안 가사상태에 가까운 동면(겨울잠)에 들어가는지에 대해선 과학자들 사이에서 오랜 논쟁거리였습니다. 하지만 지금은 거의 모든 곰이 겨울동안 동면을 하는 게 아니라 단지 깊은 잠을 자고 있을 뿐이라는 사실이 밝혀졌습니다. 이런 결론은 다른 동면하는 동물들과 곰의 심장박동·호흡·체온 등을 비교하여 얻은 것입니다. 다람쥐를 비롯해 동면을 하는 동물들은 겨울동안 체온이나 심장박동이 많이 떨어지고, 활동을 하는 데 필요한 신진대사가 거의 정지하거나 급격히 저하됩니다. 그 결과 몸을 '움직일 수 없는 상태'가 됩니다. 따라서 이들이 동면에서 깨어나기 위해서는 여러 날 동안 체온을 높이고, 몸을 뒤척이고, 대·소변을 보는 등 준비가 필요합니다. 그러

곰이 겨울동안 잠자는 곳

나 곰은 겨울에 잠이 들더라도 체온은 3~4℃ 정도 떨어지고, 호흡과 심장박동수도 느려지지만, 몸을 움직이는 데 필요한 신진대사는 여전히 평상시의 40~50% 정도를 유지하고 있습니다. 그에 따라 곰은 겨울에 잠을 자는 동안에도 잠에서 깨어나기도 하고, 날이 따뜻해질 때는 굴 밖으로 나와 어슬렁거리며 돌아다니기도 합니다. 남방에 사는 곰들은 겨울이 되어도 잠을 거의 자지 않거나, 잠을 자더라도 며칠에 머뭅니다. 추운지방으로 갈수록 잠을 자는 기간이 길어지고, 같은 지역에 사는 곰이라고 해도 그 해 겨울날씨가 어떠냐에 따라 잠자는 기간은 달라집니다. 겨울이 혹독할수록 잠에 빠지는 기간은 길어집니다.

우리나라와 일본, 중국 등지에 주로 사는 반달가슴곰은 11월부터 3월말이나 4월초까지 굴속에서 잠을 잡니다. 잠을 자는 동안 반달곰의 심장박동수는 평상시의 5분의 1

수준으로 떨어지고, 에너지 소비도 반이나 줄게 됩니다. 체온 역시 3∼7℃ 정도 떨어집니다. 이들은 잠을 자는 동안에는 오줌과 똥을 누지 않습니다. 이럴 경우에 다른 동물은 요소중독으로 사망하지만, 곰은 요소를 재이용하여 단백질로 사용합니다. 잠을 자는 동안 곰의 몸무게는 15∼40% 정도 줄어들게 됩니다. 몸에 쌓인 지방이 에너지로 이용되기 때문입니다.

곰들은 보통 잠을 자는 겨울동안 새끼를 낳습니다.

겨울이 다가오면 곰은 겨울동안 머물 집을 찾습니다. 어떤 곰은 오래된 나무에 나있는 커다란 구멍을 찾기도 하고, 땅이 움푹 꺼져 바람을 막기에 더 말할 나위 없이 좋은 구덩이를 찾기도 합니다. 어떤 곰은 새로 굴을 파기도 하고, 이전에 쓰던 것이나 남이 파놓은 굴을 이용하기도 합니다. 굴을 만들 경우, 어떤 곰은 잠을 자기 오래전부터 잠잘 굴을 미리 파놓기도 하지만, 대부분의 곰은 잠을 자기

직전에 굴을 만듭니다. 굴을 파는 데는 3~7일 정도 걸립니다. 굴을 파면서 나오는 흙이 1톤 이상 되기도 합니다.

굴은 입구와 짧은 통로, 침실로 이루어져 있습니다. 굴 입구는 곰이 겨우 몸을 비집고 들어갈 수 있을 정도입니다. 차가운 공기가 굴속으로 들어오는 것을 막고, 안에 있는 따뜻한 공기가 밖으로 나가지 못하게 하려는 것입니다. 이렇게 입구가 좁은 집의 안쪽 벽은 매끄럽게 다듬어져 있습니다. 집을 만들면서 돌이나 거친 나무뿌리를 제거한 것입니다. 굴 깊은 곳에는 낙엽·나뭇가지·이끼, 다른 동물의 털 따위를 바닥에 깔아 잠자는 방으로 이용을 합니다.

곰들은 한겨울에도 가끔 잠에서 깨어 주변을 돌아다닙니다.

섬유질이 풍부한 식물성 재료와 부드러운 털들은 열을 잘 보존하고 온도를 일정하게 유지하는 기능을 합니다. 나이가 들고 경험이 풍부한 곰들은 이보다 훨씬 정교하게 집을 짓습니다. 예를 들어 직선으로 굴을 파는 것이 아니라 끝이 굽게 굴을 파서 그 끝에 잠자는 곳을 만듭니다. 직선으로 판 굴에 비하여 끝이 굽은 굴의 온도가 더 높습니다. 열이 더 잘 보존되는 것입니다. 앞서 설명한 것처럼 곰이 만든 굴은 곰의 몸집에 비하여 굴 입구가 작고 굴의 너비 또한 좁습니다. 가능한 한 열이 밖으로 새나가지 않도록 하기 위해서입니다. 그러다 보니 환기가 문제입니다. 그러나 곰은 지혜롭습니다. 곰의 겨울집은 보금자리 쪽이 수평보다 약간 아래로 경사가 있습니다. 대류현상에 따라 더워지고 오래된 공기는 위로 배출되고, 신선한 공기는 보금자리 쪽으로 들어오게 됩니다. 자연환기를 이용하는 것입니다.

굴에 들어가는 순서와 나오는 순서

집을 다 지은 곰은 한두 주 정도 집 주변에서 머뭅니다. 그 동안 곰은 아무 것도 먹지 않고 자주 잠을 자게 됩니다. 곰이 최종적으로 굴에 들어가는 날은 폭설이 내리는 날입니다. 이와 관련하여 흥미로운 이론이 있습니다. 폭설이 오면 곰의 발자국이 눈 위에 남지 않기 때문에 곰이 겨울잠을 자고 있는 위치를 다른 동물에게 들키지 않는다는 것입니다. 하여간, 단독생활을 하는 곰이지만 모두 같은 때에 굴로 들어가지는 않습니다. 혼자 사는 암컷이 맨 먼저 들어가고, 그 다음 새끼를 가진 암컷, 번식기가 아직 안 된 어린 곰들이 들어가고 맨 마지막에 수컷이 들어갑니다. 암곰은 굴속에서 보통 두 마리의 새끼를 낳습니다. 새로 태어난 새끼 곰은 몸길이 약 20cm, 무게는 300g 정도에 지나지 않습니다. 어른 곰의 크기에 비하면 아주 작은 새끼를 낳습니다.

날이 풀리고 먹이가 되는 식물들이 자라기 시작하면 곰은 굴 밖으로 나옵니다. 굴 밖으로 나오는 순서는 들어갈 때와 다릅니다. 수컷이 제일 먼저 나오고 어린 곰과 혼자 사는 암컷이 나오고, 마지막으로 새끼 딸린 암컷이 나옵니다. 수컷과 혼자 사는 암컷, 어린 곰들은 그들이 지낸 굴 주변을 곧 떠나지만 새끼 딸린 암컷들은 굴 주변에 몇 주간 머물다 다른 곳으로 떠납니다.

오소리가 만든 집

오소리(Badger)는 몸길이 56~90cm에, 몸무게는 보통 10~ 11kg 정도입니다. 땅딸막한 몸매에 앞다리가 잘 발달되어 있습니다. 얼굴은 원통 모양이고 주둥이는 뭉툭합니다. 발에는 큰 발톱이 있어 땅굴파기에 알맞습니다. 몸 빛깔은 회색 또는 갈색인데, 배 쪽은 암갈색이고 얼굴에는 검은색과 흰색의 띠가 있습니다. 오소리만큼 커다란 규모로 오래 쓸 집을 만드는

오소리

포유동물도 없을 겁니다. 이들은 인적이 드물고, 먹을 것이
많고, 굴을 파기 쉬운 장소를 골라서 집을 만듭니다. 한번
파놓은 굴속 집은 보통 대대손손 이용합니다. 오소리들이
파놓은 지하세계는 세대를 거듭하면서 더욱 복잡해지고
커져서 한 지역 전체를 서울의 전철노선처럼 만들기도 합니
다. 어떤 굴은 그 역사가 100년이 넘은 경우도 있다고 합니
다. 오소리들은 잠을 자고, 새끼를 기르고, 위험을 피하기
위해 굴을 이용합니다. 어떤 집은 한두 마리가 살 정도로
작지만 열 마리 이상의 대가족이 충분히 살 수 있을 정도로
큰 것도 있습니다. 오소리들이 사는 굴은 높이가 25cm,
너비는 30cm 정도입니다. 그러나 어떤 굴은 이보다 훨씬
넓어서 오소리 두 마리가 한꺼번에 굴을 통과할 수도 있습니
다.

땅굴파기

　땅속에 집을 짓는 일은 쉽지 않습니다. 그러나 오소리는 이런 힘든 일을 하기에 적합한 몸 구조를 갖고 있습니다. 짧고 강한 앞다리와 길고 튼튼한 발톱이 달린 넓적한 뒷다리

오소리의 앞발

를 갖고 있어서 땅파기에 제격입니다. 아무리 딱딱한 땅이라도 오소리에게는 별 문제가 되지 않습니다. 오소리는 개가 땅에 구멍을 팔 때처럼 왼발과 오른발을 번갈아 땅속에 있는 흙을 긁어내면서 굴을 팝니다. 발톱으로 덩어리진 흙을 부수어 부드럽게 만든 다음, 앞발을 이용해서 몸 뒤로 흙을 퍼냅니다. 땅위에서 굴파기를 할 때는 부서진 흙들을 사

방으로 흩뿌립니다. 이런 방법으로 오소리는 30～60cm 너비의 구멍을 순식간에 만듭니다. 이 구멍이 오소리 굴의 입구가 되는 것입니다.

　그러나 구멍이 깊어질수록 파낸 흙을 땅위로 차내는 것이 어렵게 됩니다. 굴을 계속 파기 위해 오소리는 다른 방법으로 일을 해야 합니다. 오소리는 튼튼한 앞발로 굴을 파내려가면서 부드러워진 흙을 뒷발을 이용해 뒤에 있는 입구 쪽으로 차냅니다. 이러다 보니 굴 입구에 흙무더기가 쌓이기 시작합니다. 굴 입구에 흙무더기가 쌓여서 입구를 막아

버리기 전에 오소리는 굴파기를 멈추고, 입구에 쌓인 흙더미를 제거하는 일을 합니다. 흙더미를 제거하기 위해 이 놀라운 건축가는 몸을 뒤로 움직이면서 뒷발을 이용해서 흙을 계속 퍼냅니다. 또 오소리는 두 앞발로 굴속에 남아있는 흙을 껴안듯이 감싸서 굴 밖으로 끌어냅니다. 오소리는 쓸모없게 된 흙을 퍼낸 다음 발로 차내고, 끌어내면서 자신의 집을 점점 더 깊게 만들어 가는 것입니다.

임시거처

오소리는 위에서 말한 '굴속 집' 외에도 때때로 임시 피난처로 사용하기 위해 보금자리에서 얼마간 떨어진 곳에 간단한 집을 만들기도 합니다. 이 집의 구조는 아주 단순합니다. 땅 표면에서 시작해서 맨 끝에 방이 하나 있는 정도인데, 하나의 굴로 되어 있고 대개 끝이 굽어 있습니다. 이 방은 보통 침실로 쓰입니다. 오소리는 땅위에 있는 동안 모아 놓은 풀과 나뭇잎을 이용해서 이 침실 바닥을 편안한 침대로 만듭니다. 갑자기 폭우가 쏟아지거나 포식자를 만났을 때 오소리는 이런 임시 피난처를 이용합니다.

오소리는 매우 깨끗한 동물입니다. 그들은 때때로 땅속에 화장실로 이용할 특별한 장소를 마련합니다. 이런 장소를 '똥구덩이' 또는 '뒷간'이라고 하는데, 임시거처에도 간이 화장실이 있는 경우가 있습니다. 위급할 때 임시거처가 좋은 피난처이긴 하지만 그렇게 안전하지는 않습니다. 예를

오소리굴과 오소리

들어서 어떤 동물들은 오소리를 잡기 위해 입구가 하나뿐인 이 집에 진을 치고 기다리는 경우도 있고, 폭우가 내려 빗물이 굴속으로 흘러 들어올 수도 있습니다. 이런 상황에 처하면, 오소리는 꼼짝없이 집에 갇히는 꼴이 됩니다.

안식처

때때로 오소리는 그들의 임시거처에 더 많은 굴을 잇고 입구를 만들어서 '저택'으로 꾸미기도 합니다. 이런 일을 하기 위해 침실부터 시작해 흙을 계속 파내면서 여러 방향으로 굴을 팝니다. 새로 만든 굴은 끝이 막다른 곳도 있고, 다른 굴과 연결된 굴도 있습니다. 때때로 굴들은 위쪽으로 경사가 지고 땅 표면까지 연결되어 또 다른 입구로 쓰이거나 비상구 역할을 합니다. 이렇게 해서 굴이 커지게 되면, 임시거처에서 잠자리로 이용되던 침실은 더 이상 침실로 이용되지 않고, 새로운 굴과 만나는 중간 교차로 역할을 하게 됩니다. 새롭게 만든 거실과 침실들은 굴 입구에서 보통 5~6m 정도 깊이에 있게 되는데, 중간 교차로에서 서로 연결됩니다. 각 방들은 너비가 60~90cm에, 높이는 60cm 정도입니다.

육아방

출산이 가까워지면 암컷 오소리는 새끼를 낳아 기를 특별한 장소를 준비합니다. 이 육아용 방은 크기는 다른 거실과 다르지 않지만 무척 신경을 써서 만듭니다. 육아용 방은 보통 커다란 바위나 나무뿌리 밑에 만들게 되는데, 그래야 지붕이 안전해서 무너질 염려가 없습니다. 이뿐 아니라 오소리는 더 안전한 육아용 방을 만들기 위해, 교차로에서 보았을 때 다른 거실들보다 더 위쪽에 만듭니다. 혹시 다른 방들이 빗물에 잠기더라도 육아용 방만은 안전해야 하기 때문입니다.

굴 넓히기

오소리의 집 만들기는 끝이 없습니다. 처음에는 작은 임시거처로 시작했을지라도 해가 가면서, 집은 점점 더 크게 됩니다. 함께 사는 가족의 수가 많아지면서 굴도 길어지고, 방도 많아지고, 입구도 더 생기게 됩니다. 이렇게 몇 세대가 지나면, 오소리 굴의 크기는 어마어마하게 커집니다. 많은 오소리 굴들이 100년 이상 되었을 것으로 생각됩니다. 영국에 있는 어떤 오소리 굴은 400년 이상 사용되었다는 보고도 있습니다.

어떤 오소리 굴은 크기가 하도 크고 복잡해서 굴이라기보다는 지하도시라는 표현이 어울리는 경우도 있습니다. 영국에 있는 한 오소리 집은 굴의 전체 길이가 300m 정도 되고,

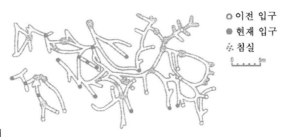

오소리가 만든 굴의 얼개

18개의 침실, 12개의 입구, 8개의 화장실을 갖추고 있습니다. 연구결과 이런 집을 만들자면 오소리가 5톤 트럭 5대 분량의 흙을 땅속에서 파내야 한다는 결론이 나왔습니다. 더 큰 집도 있습니다. 80개의 입구에 길이가 600m에 달하는 집이 영국에서 발견된 적이 있습니다. 이 집은 지하 4.5m 깊이에 여러 층으로 되어 있습니다. 아직 발견되진 않았지만 이보다 더 큰 집이 어딘가에 분명히 있을 것입니다.

마멋이 만든 집

도시를 건설한 개척자

미국 서부에서 처음으로 도시를 만들고 산 것은 사람이 아니고 야생의 검은꼬리마멋(Marmot)이라는 사실을 아십니까? 그러나 검은꼬리마멋은 땅속에 집을 짓고 살기를 좋아하는 여러 동물 가운데 한 종일 뿐입니다. 검은꼬리마멋이 지은 '도시'로 들어가려면 입구에 있는 흙무더기를 지나야합니다. 이 흙무더기는 그 속에 살고 있는 마멋들에게는 일종의 망루 역할을 하는 것이고, 장마가 지거나 갑자기 많은 비가 내릴 때 물이 집안으로 흘러 들어오지 못하게 하는 역할도 합니다. 검은꼬리마멋은 여러 갈래로 갈라진 긴 굴의 집을 만듭니다.

검은꼬리마멋은 크기가 어마어마한 도시를 만들기도 합니다. 1900년대 초반 미국 텍사스에서는 길이가 403km이고, 폭이 161km에 이르는 마멋의 집이 발견된 적이 있습니다. 이 거대한 집에는 4억 마리의 초원 마멋이 살고 있었는데, 당시 미국 전체인구가 8천만 명이 채 되지 않았다고 합니다. 각자 땅속에 자기 집을 갖고 있으면서 시골마을처럼 공동체를 이루고, 같은 장소에서 살아가는 모습을 볼 수 있는 곳이 바로 초원 마멋의 도시입니다. 이런 것을 마멋군집이

굴 입구의 흙무더기에 나와 있는 **검은꼬리마멋**

마멋이 땅 표면 바로 아래에 파놓은 굴의 윤곽을 겉에서도 볼 수가 있습니다.

라고 부르기도 합니다. 검은꼬리마멋이 만든 굴은 아주 잘 지어져서 몇 백 년은 끄떡없다고 합니다. 이런 놀라운 마멋의 도시가 불행하게도 새로운 농장이 들어서고 개발이 계속되면서 사라지고 있습니다. 그러나 미국 서부에 가면 아직도 작은 규모의 마멋 집을 볼 수가 있습니다.

굴 만들기

집을 짓기 위해서 마멋은 앞발 끝에 있는 다섯 개의 길고 날카로운 발톱을 사용합니다. 이것이 굴을 파는 데 사용하는 유일한 도구입니다. 마멋은 땅에 입구가 될 작은 구멍을 파는 것으로 굴파기를 시작합니다. 이 구멍은 폭이 15~20cm 정도 되고, 구멍이 깊어질수록 나팔관 모양으로 줄어들어 10~13cm 정도로 좁아집니다.

오소리와 마찬가지로 초원 마멋도 앞발로는 흙을 파내고 부드러워진 흙은 뒷발을 이용해서 굴 밖으로 차냅니다.

이 건축가는 땅속으로 점점 깊이 파내려가면서 굴이 아래쪽을 향하여 기울어지게 합니다. 앞발로 파낸 부드러운 흙을 굴 밖으로 더 이상 차낼 수 없을 정도로 굴 입구에서 멀어지게 되면, 마멋은 흙을 걷어내기 위해 몸을 돌려 이마와 앞발로 그 흙들을 땅 표면까지 밀어 올립니다. 때때로 뒷걸음질을 하면서 뒷발로 굴 입구까지 차내기도 합니다. 이렇게 좁고 경사진 굴의 길이는 굴을 만드는 주인에 따라 다릅니다. 30m 이상 되는 것도 있지만, 초원 마멋의 굴은 평균 12m 정도 됩니다.

방 만들기

입구에서 멀리 떨어진 굴의 끝부분에 초원 마멋은 여러 개의 방을 만듭니다. 한두 개는 침실이거나 휴식을 위한 것입니다. 휴식공간은 보통 46cm 길이에 30cm 정도의 너비로 된 달걀 모양입니다. 마멋은 마른풀을 방바닥에 깔고 벽에 둘러서 아늑하고 따뜻한 잠자리를 만듭니다. 초원 마멋은 땅 표면으로

검은꼬리마멋이 만든 땅속 굴의 모습

부터 대략 3~5m 깊이에 있는 주요 통로를 따라서 휴식공간을 만들게 됩니다. 이 깊이에 있는 흙은 추운 겨울에도 얼지 않아 땅위의 차가운 날씨 속에서 보금자리를 보호하는 역할을 합니다.

굴 입구를 손질하고 있는
검은꼬리마멋

초원 마멋은 땅 표면과 가까운 곳에 비상시 사용하는 '피난방'을 만들기도 합니다. 비가 많이 와서 굴이 잠기는 경우에 마멋은 이 피난방에서 안전하게 지낼 수 있습니다. 마멋은 이 방에서 주변의 흙이 물기를 빨아들여 집이 마를 때까지 기다립니다. 오소리처럼 초원 마멋도 화장실로 쓰는 공간을 갖고 있습니다. 이곳은 주요 통로 바로 옆에 있는데, 대개 길이는 짧고 끝이 막혀 있는 곳입니다. 어떤 마멋은 제대로 된 화장실용 방을 따로 만들기도 합니다.

뒷문(비상구)

여러 포식자들이 검은꼬리마멋을 노리고 있습니다. 이 가운데는 이 좁은 굴에 충분히 들어올 수 있는 녀석들도 있습니다. 가장 위험한 녀석들은 방울뱀과 담비입니다.

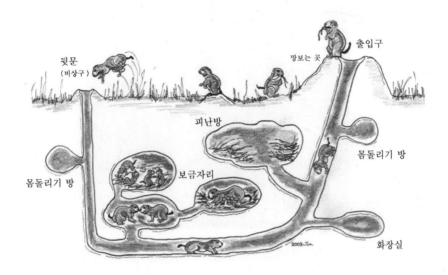

마멋의 둥지 속 모습

이 녀석들에게 이런 정도의 굴은 아주 쉽게 들어올 수 있는 곳입니다. 이런 위험 때문에 대부분의 초원 마멋은 주로 드나드는 입구 말고 '제2의 입구' 즉 뒷문을 별도로 갖춥니다. 굴 입구로 위험한 동물이 침입해 오면 뒷문으로 도망을 칩니다. 만약 이런 출구가 없다면 굴 끝이 막혀 있어 꼼짝없이 당하고 말 것입니다.

이 뒷문은 주요 굴 입구에서 많이 떨어져 있습니다. 뒷문까지 연결되는 지하통로는 모든 탈출구가 그렇듯이 좁고 길게 생겼을 뿐만 아니라 밖으로 나오면 거의 땅 표면과 수평으로 만나게 되어 신속하게 움직일 수 있습니다. 이 뒷문까지 이르는 굴은 폭이 10cm에서 13cm 정도로 좁고,

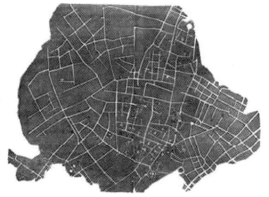

고대 로마의 기독교인들이 지하에 만든 카타콤의 평면모습 — 흰 선들이 지하공간을 나타냅니다. 마멋의 도시도 이와 다르지 않습니다.

길이는 4.5m에서 6m 정도 됩니다. 재미있게도 어떤 초원 마멋은 이 탈출구나 입구 중간에 폭이 30cm 정도 되는 방을 하나 만들어 놓는데, 좁은 굴을 따라 이동을 하다가 몸을 돌리는 공간으로 이용합니다. 그래서 이름도 '몸돌리기 방'이라고 부릅니다.

입구의 흙무더기

초원 마멋은 굴 밖에 쌓아놓은 흙을 잘 이용합니다. 자주 그들은 굴속에서 파낸 부드러운 흙을 입구 주변의 흙더미에 갖다놓습니다. 그리고 뭉툭한 코로 흙을 다집니다. 굴을 더 깊이 파내려 가면서 더 많은 흙이 이 더미에 더해지고 다져집니다. 결국 굴 입구는 대략 1m 높이에, 3m 폭으로 둥근 형태의 흙무더기가 쌓이게 됩니다. 이 흙무더기는 두 가지 면에서 초원 마멋에게 중요합니다. 비가 많이 올 때 물이 굴속으로 들어오는 것을 막아주는 역할을 하고, 또 하나는 마멋이 이 흙무더기 위에서 멀리까지 망을 볼 수 있게 된다는 것입니다. 만약 위험한 적이 가까이 오고 있으면 마멋은 굴속으로 쉽게 숨을 수 있습니다. 초원 마멋은 뒷문에도 흙무더기를 쌓습니다. 그러나 이 무더기는 입구에 쌓은 흙무더기와는 다르게 뒷문 주변의 땅 표면에 있는 흙을 쌓아서 만든 것입니다. 쌓아놓은 흙더미가 작은 산처럼 보입니다.

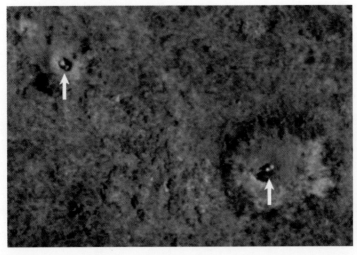

초원에 마멋이 파놓은 굴의 입구와 뒷문, 흙무더기가 보입니다.

두더지가 만든 집

시간의 대부분을 굴속에서 보내는 포유동물은 그렇게 많지 않습니다. 그런데 이런 얼마 안 되는 동물 가운데 가장 흥미로운 동물은 두더지입니다. 두더지는 땅속 보금자리에서 잠을 자고 새끼들을 키울 뿐 아니라, 긴 굴속에서 먹이도 구합니다. 생활의 대부분을 굴속에서 해결하는 것입니다.

두더지는 보통 숲이나 풀밭 아래 흙이 부드럽고 습기가 적은 곳에 집 만들기를 좋아합니다. 이런 흙이라면 굴을 쉽게 파서 몇 초 만에 그 속으로 사라질 수가 있기 때문입니다. 두더지가 이렇게 굴을 빨리 팔 수 있는 것은 굴파기에 적합하게 생긴 그들의 앞발 때문입니다. 두더지의 앞발은

두더지의 앞발

튼튼하고 강할 뿐 아니라 몸통의 양옆으로 뻗어 나와 있습니다. 이렇게 크고, 편평해서 삽같이 생긴 발끝에는 강력한 발톱이 달려 있습니다.

헤엄치듯 굴파는 두더지

두더지가 굴을 파는 것을 보면, 먼저 두 앞다리를 앞으로 뻗은 다음, 앞발을 몸 옆으로 잡아당깁니다. 이렇게 움직이면서 두더지는 땅에 작은 구멍을 만들게 됩니다. 굴을 파고 있는 두더지는 몸을 앞으로 움직이면서, 주둥이를 구멍 속에 집어넣고는 구멍을 좀더 깊게 만들기 위해 발을 사용합니다. 굴파는 행동이 빠르게 반복되기 때문에 그 모습이 마치 땅에서 수영을 하는 것처럼 보입니다. 사람이 물속에서 평영으로 수영을 하는 모습과 닮았습니다. 불과 몇 분만에 두더지는 굴로 연결될 구멍을 완벽하게 팝니다.

흙이 부드러우면, 두더지는 '평영'을 계속하면서 땅 표면 몇 cm 아래에 굴을 만들게 됩니다. 굴을 팔 준비가 되면 두더지는 몸을 한쪽으로 돌려서 땅을 파고 있는 앞발이 굴의 천장을 향하도록 합니다. 그리고 강력한 발로 매우 빠르게 위쪽과 뒤를 향해 밀어냅니다. 그런 다음 두더지는 몸을 반대로 돌려 다른 앞발로 땅을 파고 흙을 뒤로 밀어냅니다. 이런 식으로 두더지는 땅 표면 바로 아래

두 앞발을 이용해 헤엄치듯 굴을 파는 두더지

굴을 만들면서 앞으로 나갑니다. 두더지가 먹이를 찾으면서 땅을 헤집고 다니면, 두더지가 움직일 때마다 땅 표면이 위로 들썩거리게 됩니다. 두더지가 파놓은 굴은 땅 표면을 따라 흙이 길고 좁게 약간 솟아 있기 때문에 눈으로 쉽게 확인을 할 수 있습니다.

두더지가 땅 표면 가까이
파놓은 산맥같이 생긴 굴

이렇게 땅 표면 가까이 길게 파놓은 두더지의 굴은 '작은 산맥'같이 보입니다. 날씨가 더울 때는 토양 표층에 살고 있는 거미·곤충류·지렁이를 잡기 위해 이 굴을 이용합니다. 먹이가 풍부할 때는 이 '작은 산맥'을 오가며 사냥을 하지만, 먹이가 적어지면 보통은 이곳을 이용하지 않습니다.

두더지가 파는 산맥같이 생긴 굴은 땅속에 있는 먹이량에 따라 달라집니다. 두더지는 엄청난 먹성을 가지고 있어서 매일 자신의 몸무게만큼 먹을 수 있습니다. 먹을 것이 풍부한 땅에서 사는 두더지는 길이가 90~120m 정도 되는 굴을 파지만, 먹을 것이 적은 땅에 사는 두더지는 사냥을 위해 굴의 길이를 늘여야만 합니다. 이런 경우에는 굴의 길이가 600~1,000m에 이르기도 합니다.

굴파기

땅 표면 가깝게 파는 '작은 산맥'은 두더지가 땅속에 만드는 집의 일부일 뿐입니다. 이런 산맥 같은 굴 아래쪽 더 깊은 곳에 두더지는 길고 영구적인 굴을 만듭니다. 거기서 두더지는 여러 가지 위험에서 벗어나 안전하게 생활할 수 있습니다. 이런 안전한 굴에서 두더지는 일년 내내 생활을 하게 됩니다.

깊은 굴과 둥지를 만드는 일은 '작은 산맥'을 만드는 것보다

두더지가 열심히 작은 산맥 같은 굴을 파고 있습니다. 주로 먹이를 잡으려고 이런 얕은 굴을 팝니다.

훨씬 더 어렵습니다. 두더지가 땅을 파면서 생기는 많은 흙을 굴에서 제거해야 하기 때문입니다. 두더지가 굴을 파는 것을 보면, 한쪽 앞발로는 땅을 파고, 다른 앞발은 버팀대로 사용을 합니다. 뒷발로는 파낸 흙을 굴 바닥을 따라서 차냅니다. 두더지는 때때로 몸을 돌려서 작은 불도저처럼 파낸 흙을 굴 밖으로 밀어냅니다. 뒷발과 한쪽 앞발로 걸으면서, 남은 커다란 앞발로 흙을 퍼냅니다. 굴 바닥을 따라 죽 밀려온 흙은 가장 가까운 곳에 수직으로 외부와 통하는 굴을 통해 밖으로 버려집니다.

두더지의 흙 두둑

그러나 두더지는 굴을 파면서 생긴 흙을 모두 굴 밖으로 버리는 것은 아닙니다. 파낸 흙으로 굴 입구를 막아 밖에서 굴이 보이지 않게 합니다. 이렇게 해서 생긴 작은 흙무더기를 '흙 두둑'이라고 합니다. 두더지가 더 많은 흙을 밖으로

굴을 파면서 생긴 흙을 밀어 내 흙 두둑을 쌓고 있습니다. 이럴 때는 대개 한 쪽 앞발만 사용해서 흙을 밀어냅니다.

밀어내면서 '흙 두둑'도 점점 더 커집니다.

굴을 더 깊고 길게 파내려 가면서, 두더지는 굴을 파고 있는 데서 가까운 곳에 땅 표면으로 통하는 굴을 만듭니다. 이 수직으로 생긴 굴을 통해 파낸 흙을 땅위로 운반하는 것입니다. 이러다 보니 두더지의 굴이 커질수록 수직으로 파놓은 굴의 수도 늘고, 이 굴 입구를 막기 위해 만드는 흙 두둑의 수도 늘어납니다.

둥지 만들기

두더지가 땅속 깊이 만든 굴을 따라가다 보면 어딘가에, 적어도 하나의 둥지를 발견할 수 있습니다. 두더지는 굴의 한 부분을 확장시켜서, 너비가 대략 15cm 정도 되는 아늑한 방을 중간에 만듭니다. 그런 다음 다른 곳으로 통하는 여러 통로를 만듭니다. 두더지는 이 방이 외길로 끝이 막히지 않도록 특별한 노력을 합니다. 또 밖에서 마른 나뭇잎과 풀들을 모아다가 둥지에 깔아서, 이 방을 쉬고 잠자기에 편안한 장소로 만듭니다.

쌓인 눈 아래 만든 두더지의 굴. 땅속이 바깥보다 따뜻해 굴을 따라 눈이 녹은 걸 볼 수 있습니다.

추운 겨울이 되면 두더지는 입구가 막힌 굴 깊은 곳에서 생활을 하고, 사냥도 하면서 지냅니다. 두더지는 땅속 따뜻한 곳에서 겨울을 나는 지렁이나 다른 벌레들을 잡아먹습니다. 봄이 되고 땅 표면이 따뜻해지면, 두더지는 땅 표면 가까이

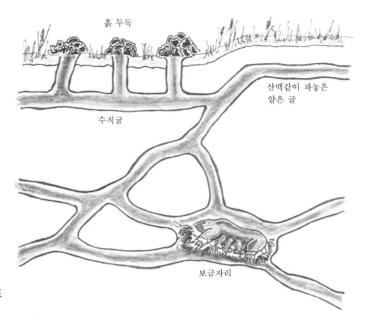

흙 두둑

산맥같이 파놓은
얕은 굴

수직굴

보금자리

두더지의 보금자리 구조

올라옵니다. 거기서 두더지는 작은 산맥같이 생긴 굴을
파면서 땅 표면 가까이 사는 먹이를 잡으러 다닙니다.

땅위에 지은 집

침팬지나 회색청서, 들쥐 같은 동물들은 땅위에 집을
짓습니다. 물론 그밖에도 땅위에 집을 짓는 동물들은 아주
많습니다. 그들이 집을 짓는 이유는 자신과 가족들을 적으
로부터 보호하기 위해서입니다. 그러나 이들이 짓는 집의
크기와 구조는 서로 매우 다릅니다. 침팬지는 높은 나무의

튼튼한 가지 위에 간단하면서 위가 열린 형태의 집을 짓습니다. 이런 보금자리가 밤이면 먹이를 찾아 어슬렁거리고 돌아다니는 위험한 포식자로부터 침팬지를 지켜줍니다. 회색청서의 경우도 땅위 높은 곳에 보금자리를 만들게 되는데, 보금자리는 벽과 지붕이 있어서 나쁜 날씨나 하늘에서 이들을 노리는 포식자로부터 이들을 보호합니다. 유럽들쥐는 키 큰 식물의 줄기사이에 집을 만듭니다. 이런 집들은 땅에서 그리 높지는 않지만, 이 작은 동물은 집이 다른 동물의 눈에 띄지 않도록 잘 위장을 합니다. 따라서 들쥐의 집을 발견하기란 여간 어려운 게 아닙니다.

나뭇잎으로 만든 집

보통 청서(청설모)들은 나무에 구멍을 내고 그 속에서 살지만 미국 동부지역에 사는 회색청서(Grey squirrel)는 나뭇잎으로 집을 만듭니다. 숲 그 자체가 회색청서의 집이기도 하지만 이들은 때때로 공원에 있는 나무나 도시근교에 있는 가옥에 둥지를 만듭니다. 회색청서가 나뭇잎으로 만든 집을 그곳 사람들은 '짐마차'라고 부릅니다. 나뭇잎을 엮어서 만든 청서의 집 모양이 서부영화에 나오는 짐마차를 닮았나봅니다. 회색청서는 이런 집을 짓기 전에 먼저 집지을 자리를 찾습니다. 세찬 바람이나 비, 눈을 피하기 좋고

회색청서

포식자로부터 안전한 장소를 좋아합니다. 회색청서들은 보통 나무의 굵은 줄기에 붙어있는 튼튼한 나뭇가지에 둥지를 짓습니다. 이런 곳이 바람을 막기에 좋습니다. 만약 둥지를 큰 가지가 갈라지는 부분에 만들지 않는다면 바람에 의해서 집이 쉽게 부서지거나 다른 나뭇가지들이 둥지 안으로 날아 들어와 죽을 수도 있습니다. 이들의 집은 땅으로부터 9m에서 높은 곳은 18m에 이릅니다. 높은 나무위에 지은 둥지 덕분에 회색청서들은 나무를 잘 타지 못하는 많은 적들로부터 자신을 보호할 수 있는 것입니다.

기초 다지기

다람쥐가 겨울을 준비할 때쯤 되면 회색청서들도 '짐마차'를 만들기 시작합니다. 회색청서들은 집을 만들기 위해 먼저 집의 기반을 튼튼하게 다집니다. 여기엔 근처에 있는 잔가지와 나무토막을 이용합니다. 잔 나뭇가지들을 서로 엮어서 두툼하고 튼튼한 기반을 만든 다음, 그 위에 풀잎·나 뭇잎·이끼류·나무껍질 등을 놓아서 둥지를 편평하고 부드 럽게 만듭니다. 일단 기반이 완성되면 회색청서는 여기에 벽과 지붕을 얹습니다. 회색청서는 이빨이나 두 앞발로 잔가지나 나무토막을 잡고, 이미 만들어 놓은 기반에 이들 을 엮거나 쐐기를 박아서 튼튼하게 고정시킵니다. 둥근 형태의 지붕을 만들기 위해 나뭇가지 등을 계속 안으로 구부리면서 벽을 쌓아 갑니다. 벽을 만들면서 잔가지 사이 에 밖에서는 잘 보이지 않는 입구를 만듭니다. 청서는 이 구멍을 통해 은밀하게 드나듭니다.

겨울을 나기 위한 준비

회색청서 짐마차의 내부공간은 지름이 약 30~60cm 정도 고, 내부는 아직 텅 비어 있습니다. 회색청서는 이 짐마차에 서 겨울을 나야 하기 때문에 할 일이 더 있습니다. 집에 단열과 보온장치를 하지 않는다면 회색청서는 추운겨울을 제대로 넘길 수 없을 것입니다.

집을 따뜻하게 하기 위하여 풀·나뭇잎·나무껍질조각 등, 각종 부드러운 재료를 벽의 안쪽에 댑니다. 이러한 재료를 벽에 덧대면서 벽은 점점 더 두꺼워집니다. 두껍고 잘 짜여 진 안쪽 벽 때문에 둥지는 이제 따뜻해졌습니다. 겨울용 짐마차가 완성되면 짐마차의 지름은 처음보다 줄어들어 내부공간이 15~30cm 정도 됩니다. 회색청서는 이런 둥지

를 2~5일이면 만듭니다. 이제 아무리 추운 날이라도 청서
는 짐마차 안에서 따뜻하게 지낼 수 있습니다.

회색청서가 나무위에 만
든 짐마차

또한 청서들은 여러 마리가 같은 둥지에서 살기 때문에,
추운겨울에 몸을 서로 비벼대면서 체온을 유지합니다. 겨울
이 되어 나뭇잎이 모두 떨어지면 회색청서의 집은 눈에
잘 띄게 됩니다. 그러나 나무 높은 곳에 지었기 때문에
회색청서의 짐마차는 안전합니다. 회색청서는 이곳에서
잠자고 먹고, 또 새끼를 기릅니다.

나무 구멍에 사는 청서

어떤 회색청서는 나무 구멍에서 삽니다. 이 구멍은 딱따구리가 버린 집이거나 나무가 썩어서 저절로 생긴 것입니다. 회색청서는 그 구멍을 따뜻하고 편안하게 만들기 위해서 부드러운 나뭇잎을 바닥과 벽면에 늘어세웁니다. 튼튼하고 오래된 나무에, 땅에서 매우 높은 곳에 있는 회색청서의 집은 튼튼하고 안전해서 회색청서가 세대를 이어가며 오래토록 사용할 수 있습니다.

옷감을 짜듯 엮어 만든 집

우수리멧밭쥐(Harvest mouse)는 세상에서 가장 작은 포유류 중의 하나입니다. 꼬리를 제외하면 다 자란 것의 몸길이가 고작 5cm이고 몸무게는 10g 정도입니다. 이것은 100원 짜리 동전 두 개의 무게입니다. 멧밭쥐는 유럽과 아시아 전역에서 발견됩니다. 그들은 먹이가 되는 씨앗·곡식

우수리멧밭쥐

낱알·벌레들이 많은 초원을 좋아합니다. 이런 초원에서 이 멧밭쥐는 교묘하게 풀을 엮어 작은 둥지를 짓습니다. 멧밭쥐는 숙련된 건축가입니다. 이 쥐들은 긴 풀들을 엮어서 튼튼한 집을 만들고, 풀숲에 잘 숨기기 때문에 그들을

찾아다니는 적들에게 들키는 경우가 거의 없습니다. 어떤 둥지는 잠을 자기 위해서 만들고, 어떤 둥지는 새로 태어난 새끼들을 키우기 위해 만듭니다. 새끼들을 키우는 데 쓰일 집은 대단히 정교하게 만들어집니다. 이런 집은 잘 은폐가 되어 있을 뿐 아니라 폭신하고 편안합니다.

집지을 재료준비

멧밭쥐가 둥지를 만드는 것을 보면, 암컷 멧밭쥐가 커다란 풀줄기 위로 올라가서 줄기를 물어뜯어 약하게 만든 다음, 약해진 줄기 끝을 땅바닥 쪽을 향해 구부립니다. 같은 방법으로 근처에 있는 많은 줄기들을 구부립니다. 그리고 구부러진 줄기에 붙어 있는 잎들로 둥지를 엮기 시작합니다. 둥지를 엮기 위해 잎을 결에 따라 찢습니다. 두 앞발로 잎을 잡고는, 잎자루에서 잎끝까지 나있는 잎맥을 물어뜯습니다. 발로 잎을 잡은 상태에서 머리와 어깨를 위로 들어올리면 잎이 결을 따라서 똑바로 찢어지게 됩니다.

멧밭쥐는 집을 만드는 데 150장 이상의 풀잎을 사용합니다. 잎은 대부분 넓고, 잎맥을 갖고 있는 것들입니다. 그래서 어떤 잎들은 15번에서 20번까지 찢기도 합니다. 잎이 잎자루에 붙은 채로 있어야 하기 때문에 멧밭쥐들은 각 잎의 위쪽 반만을 찢습니다.

우수리멧밭쥐의 둥지

보육실 만들기

멧밭쥐가 잎을 가늘고 길게 찢은 다음 둥지를 엮기 시작합
니다. 가늘게 찢어진 줄기를 서로 엮거나, 이것으로 구부러
진 줄기 주변을 엮습니다. 결국 암컷은 사발 모양의 둥지를
만들게 됩니다. 이 사발이 보육실의 바탕이 되는 것입니다.

암컷은 계속해서 두꺼운 보호벽과 지붕을 만들기 위해
가늘게 쪼갠 줄기들을 엮습니다. 벽이 점점 높아지면, 서서
히 안쪽으로 구부려 둥근 형태의 지붕을 만듭니다.

이쯤 되면, 둥지는 풀로 엮인 엉성한 공 모양이 됩니다.
보육실을 더 튼튼하게 만들기 위해 암컷은 둥지 안쪽에서
벽에 잘게 쪼갠 잎들을 더 많이 엮습니다. 잎자루에 잎이

충분하지 않으면, 주변에 있는 잎들을 갉아 둥지로 가져와서 이용합니다. 둥지 엮기가 끝나면, 폭이 약 13cm 정도 되는 튼튼한 구조물이 완성됩니다.

　구조물의 바깥쪽이 다 엮여졌더라도, 보육실이 완성된 것은 아닙니다. 그 안에서 자라게 될 어린 새끼가 따뜻하고 편안하게 지낼 수 있도록, 암컷은 잘게 썹은 풀이나 나뭇잎, 새들의 깃털 등을 둥지 바닥에 깝니다. 보육실을 다 완성하기까지는 보통 10일 정도 걸립니다.

단란한 우수리멧밭쥐의
가족과 둥지

숨기기

우수리멧밭쥐는 자식들을 보호하기 위해 잘 위장된 둥지를 만드는 데 아주 능숙합니다. 이들은 잎자루가 붙어 있는 줄기를 이용해서 둥지를 만들기 때문에 그 잎들은 아직 살아 있고, 녹색입니다. 멧밭쥐가 만든 둥지는 주변과 잘 섞여서 발견하기가 쉽지 않습니다. 또 계절이 바뀌어 주변의 풀들이 죽기 시작하면서 색깔이 녹색에서 갈색으로 변하더라도 문제가 되지 않습니다. 둥지 색깔도 변하니까요.

겨울집

겨울이 되면 우수리멧밭쥐는 따뜻한 건초더미 속에 둥지를 만들기도 하고, 다른 동물들이 이전에 파놓은 땅속 굴을 이용하기도 합니다. 그러나 봄이 돌아오면, 이 작은 건축가들은 새로운 둥지를 엮기 위해 풀줄기 위로 올라가 분주하게 일을 합니다.

물속과 주변에 집을 짓는 동물

사향쥐(Musk rat)와 북미에 사는 비버(American beaver)는 물속이나 물가에 집을 짓는 동물입니다. 그들은 강둑에 굴을 만들기도 하지만, 보통은 물 가운데 '요새'라고 부르는 섬으로 된 집을 만듭니다. 비버들은 수중 요새를 만들기 위해 잔 나뭇가지나 작은 통나무를 사용합니다. 이들의 집은 물 가운데 있기 때문에 이들을 노리는 많은 동물이 쉽게 접근해올 수 없습니다.

비버의 수중 요새

최고의 건축가 비버

건축가·엔지니어·목수·벽돌공·벌목꾼 등은 집짓는 일과 관련된 일에 종사하는 사람들입니다. 그런데 비버는 이 가운데 어느 하나가 아닌, 모든 이름을 얻을 만한 자격을 충분히 갖춘 동물입니다. 사람들에게 비버는 댐을 잘 만드는 동물로 알려져 있지만, 이들이 댐만 만드는 것은 아닙니다. 비버는 물속에서 굴도 파고, 운하도 만들고, 물길도 내고, 땅속에 터널도 만듭니다.

일반적으로 비버는 집을 지을 때 혼자서 일하지 않습니다. 그들은 작은 집단을 이루며 살고, 함께 협력해 일합니다. 한 무리는 적을 때는 2마리(보통 암컷과 수컷)에서 많이 모이면 12마리(암컷·수컷·새끼들) 정도로 이루어집니다. 무리를 이루고 사는 비버는 필요에 따라 자신들이 살고 있는 장소를 바꿉니다. 댐을 만들어 주변의 숲에서 연못으로 이사를 합니다.

비버가 만든 댐

댐을 만드는 목적은 흐르는 물을 막기 위해섭니다. 물의 흐름이 막히면 댐 뒤로 주변에 있는 땅이 잠기면서 수위가 올라가게 됩니다. 점점 많은 물이 댐 상류에 고이면서 못이 만들어집니다. 주변이 물속에 잠기는 것이야말로 비버가 바라는 것입니다. 땅위에서 비버는 재빠르지도 못하고, 또 비버를 노리는 적들도 많습니다. 그러나 물속에서는 다릅니다. 비버는 뛰어난 수영선수고, 대부분의 천적들은

비버가 댐을 만들기 좋아하는 장소

물속까지 좇아올 수 없습니다. 댐을 만들어 주변을 물에 잠기게 해서 비버는 위험한 숲을 그들이 살기에 알맞은 안전한 연못으로 바꿉니다.

장소 찾고 재료 구하기

먼저 비버는 댐을 만들기에 좋은 장소를 찾습니다. 비버는 얕으면서도 물살이 너무 빠르지 않은 개울을 좋아합니다. 또한 미루나무·자작나무·버드나무 등이 풍부한 지역을 찾습니다. 이것들은 먹이가 되기도 하고 집 짓는 재료가 되기도 합니다. 비버는 끌같이 생긴 날카로운 앞니로 나무를 쉽게 갉아내고 베어낼 수 있습니다. 비버들은 직경이 60cm가 넘는 나무도 쉽게 쓰러뜨릴 수 있습니다. 나무가 잘려 넘어지면 한 마리의 비버가 혼자 옮길 수 있는 정도로 가지들을 자릅니다. 이 전문

나무를 갉아 자른 다음 옮기고 있는 비버

적인 벌목장이들은 쓰러진 나무에서 모든 곁가지를 제거하고 몸통만 남겨놓습니다. 만일 어린 나무를 쓰러뜨리면 나무 전체를 물속으로 밀어 넣고, 안전한 장소에서 그것을 조각냅니다.

댐 만들기

일단 댐 만들 장소를 찾으면 댐 건설이 시작됩니다. 비버 가족들은 나무토막과 잎이 아직 붙어있는 잔 나뭇가지를 댐을 만들 곳까지 옮겨옵니다. 나뭇가지 끝을 하천 진흙 바닥에 밀어 넣습니다. 이 건축가들은 나뭇가지가 하천 바닥에 잘 고정이 되도록 돌과 자갈·진흙 등을 나뭇가지위에 쌓아 올립니다. 비버는 더 많은 나무토막과 나뭇가지를 가져다가 하천 바닥에 밀어 넣거나, 바닥에 놓은 돌과 통나무를 고정시키기 위해 쐐기로 이용합니다. 여러 재료들이 층층으로 쌓이고, 댐은 더 높아지고, 댐을 통해서 흐르는 물의 흐름은 느려지게 됩니다.

댐을 만들기 위해 갉아놓은 나무

비버는 일을 하면서 앞발로 하천 바닥의 진흙을 떠내 나무토막과 나뭇가지 사이에 뚫려있는 공간을 막는 데 사용합니다. 그러면 나무·나뭇잎·잔가지·진흙 등이 물속에서 자연스럽게 물의 흐름을 막아 버립니다. 댐이 잘 다져지면서 댐 뒤로 수면이 높아지기 시작합니다. 수면이 높아지면서 주변의 땅이 물에 잠기게 됩니다. 비버는 댐에 여러 가지 재료를 계속해서 덧붙이면서 댐을 더 높게 쌓습니다. 땅이 2m 이상 물에 잠기면 댐의 높이에 만족하게 됩니다. 이제 비버가 댐 쌓는 일을 거의 마칠 때가 되었습니다. 마지막으로 이 건축가는 물이 흘러드는 쪽의 댐에 물이 새지 않도록 두꺼운 방수용 진흙을 덮어 마무리를 합니다.

다 지어진 댐은 보통 높이 2m에, 바닥의 폭이 3m 정도 됩니다. 하지만 댐의 길이는 하천의 폭에 따라 달라집니다.

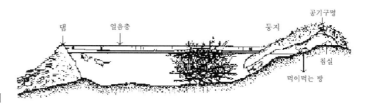

비버가 만든 댐과 둥지

어떤 댐은 길이가 3m 정도지만 이보다 훨씬 긴 댐도 적지 않습니다. 지금까지 비버가 쌓은 댐 가운데 가장 긴 것은 미국의 뉴햄프셔에서 발견된 것으로 길이가 1,219m에 달합니다. 축구 경기장 길이의 12배에 가까운 거리입니다. 이런 믿기 어려운 크기의 댐을 만드는 데는 몇 년이 걸렸을 것입니다.

비버의 임시 거처

비버는 댐을 만드는 동안 보통 땅에 파놓은 굴속에서 삽니다. 이 굴은 부드러운 흙이 있는 둑에 만들어집니다. 굴의 입구는 항상 물속에 있습니다. 입구를 만들기 위해 비버는 물속 1m 아래로 내려갑니다. 그리고 발을 써서 둑에 굴을 팝니다. 굴은 위쪽을 향하여 기울어지도록 하고, 굴이 수면보다 높은 위치에 놓일 때까지 계속 파 들어갑니다.

굴의 길이는 보통 3∼4.5m 정도지만, 9m 이상인 것도 있습니다. 굴 끝에 비버는 폭 1m, 높이 30∼60cm 정도의 침실을 만듭니다. 이 작은 침실에서 비버는 잠을 자고, 새끼들도 키우고, 적들을 피해 숨기도 합니다.

비버가 댐을 만들고 연못에 물을 채우는 동안 그들이 만든 임시거처는 비버 집단이 살기에 안전한 피난처가 됩니다. 그러나 때때로 댐이 점점 높아짐에 따라 수위도 높아지면서, 임시거처인 굴이 물에 잠기게 됩니다. 이렇게 되면 비버는 굴을 더 높게 파들어 갑니다. 굴을 높게 파다보면 굴의 맨 위가 땅 표면에 가까워지고, 거실 위의 지붕 두께가 얇아지게 됩니다. 지붕이 너무 얇아서 불안해지면, 영리한 비버는 굴 위 땅 표면에 나뭇가지나 통나무를 쌓아 그것을 튼튼하게 만듭니다. 수면이 점점 높아져 둑이 물에 잠기면

비버가 만든 수중 요새의
겉모습

비버는 둑에 파놓은 굴을 버립니다. 대신 굴 위에 쌓아놓은 나뭇가지나 통나무 속으로 들어가 생활합니다. 땅 표면에 쌓은 나뭇가지 더미가 이들의 집이 되는 것입니다. 이것을 '둑에 쌓은 요새'라고 부릅니다. 이것은 비버가 연못 안에 만든 '수중 요새'와 형태가 비슷합니다.

비버의 수중 요새

댐이 다 만들어지면, 비버는 '둑에 쌓은 요새'에서 둥근 천장을 가진 '수중 요새'로 이사를 합니다. 이제 비버는 주변이 물로 싸여 있는 수중 요새에서 안전하게 살아갈 수 있게 되었습니다. 비버가 수중 요새를 만드는 과정은 댐을 만드

수중 요새

는 것과 흡사합니다. 비버는 겨울이 가까워지는 가을에
요새를 만듭니다. 먼저 진흙·자갈·돌·막대기·솔가지 등으
로 기초를 단단히 만듭니다. 벌목까지 하면서 재료를 모으
고, 밀어 넣고, 연못의 바닥에 박아 넣습니다. 더미는 점점
더 커집니다. 몇 시간 후면 수중 요새의 바닥은 약 3~6m로
넓어지게 됩니다. 재료를 쌓는 작업은 요새가 물위에 나타
날 때까지 계속됩니다. 이 크고 편평하고 튼튼한 섬이 비버
의 수중 요새 기초가 됩니다. 비버는 그 기초 위에 둥근
모양의 지붕을 만듭니다. 맨 처음 솔가지와 다른 재료들을
쌓아올린 다음, 큰 가지들과 작은 통나무로 지붕을 얹습니
다. 이렇게 해서 지붕이 만들어지면 수중 요새는 물표면
위로 2m 이상 솟게 됩니다.

수중 요새의 속 모습

비버는 요새로 들어가는 입구를 물속에 만듭니다. 비버는
물속에 쌓은 거대한 재료더미를 이리 밀치고 저리 밀치며,

나무를 썹어서 자르기도 하면서 위로 통하는 굴을 만듭니다. 물속에서 시작한 비버의 굴은 물표면 위까지 연결됩니다. 반대편에서도 굴을 만듭니다. 이런 굴의 지름은 60cm 정도 됩니다. 비버는 이 굴을 통해서 물속에서 요새로 들어오게 됩니다.

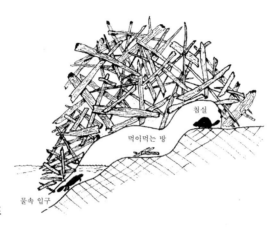

침실

먹이먹는 방

물속 입구

수중 요새의 내부구조

비버의 수중 요새에는 수면보다 높은 위치에 큰 방이 하나 있습니다. 이 방은 너비가 1.8~2.4m고 높이는 30~60cm 정도 됩니다. 비버 식구들은 나무나 잔가지 등을 이용해서 방바닥을 부드럽게 만들고 조각낸 나무막대나 나무껍질을 놔둬 방을 건조하게 유지합니다. 또한 비버의 방은 약간 경사져 있기 때문에, 물속을 통과한 비버가 많은 물을 묻혀오더라도 물이 금방 밖으로 흘러 나갈 수 있어서 방에 습기가 차지 않습니다.

연못 안에 지은 비버의 요새는 매우 크고 튼튼합니다.

이런 집을 만드는 데는 적어도 한 달이 걸립니다. 그러나 한번 만들어진 집은 여러 해 동안 사용할 수 있습니다. 러시아에 있는 어떤 비버의 요새는 대를 이어가며 살면서 40년 이상 된 것도 있습니다.

식량을 나르는 운하

비버는 땅에서 생활하는 데 익숙하지 않습니다. 먹을 것이 필요하면 비버는 먼저 연못에서 가장 가까운 곳에 자라는 나무만 자릅니다. 그러나 결국 더 많은 식량이 필요하게 됩니다. 그것을 얻기 위해 연못에서 나무가 풍부한 숲으로 통하는 모든 방향으로 운하를 만듭니다. 비버는 나무를 다루기 적당한 크기로 잘라서 못으로 연결되는 운하에 띄웁니다.

비버가 만든 운하는 보통 폭이 60~90cm 정도고 깊이는 90cm 정도입니다. 이 운하는 흙을 한 움큼 한 움큼 걷어내서 만든 것입니다. 시간이 가면서 더 많은 나무가 필요해 운하가 180m 이상 길어진 것도 있습니다.

새로운 곳을 찾아서

비버가 아무리 영리한 건축가라 해도 영원히 지속될 연못을 만들지는 못합니다. 물이 흐르는 시내가 흙도 실어옵니다. 몇 년이 지나면 이 흙이 연못의 바닥을 높여 수위도 점점 낮아집니다. 결국 너무 바닥이 얕아져 비버는 더 이상 안전하게 살 수 없습니다. 이 시점에서 비버는 집을 떠나 어딘가에 새로운 댐을 만들고, 새로운 연못을 만들어야 합니다.

댐이 썩어 없어지는 것처럼 오래된 연못도 천천히 없어집니다. 한때 연못의 바닥에 있던 흙에서 풀이 자라기 시작합니다. 이제 남은 것이라고는 실개천뿐입니다. 그곳은 한때 열심히 일하던 엔지니어이자, 못을 만드는 전문가인 비버가 세대를 이어가며 살던 곳입니다.

사향쥐의 섬 집

섬 만들기

사향쥐

사향쥐는 늦여름이나 초가을이 되면 집을 짓기 시작합니다. 집을 짓기 위해 이 건축가는 우선 자신이 살고 있는 습지나 늪, 연못 주변에서 나뭇잎과 잎이 달린 잔가지들을 모읍니다. 사향쥐는 이것들을 잘 달라붙을 수 있도록 진흙과 반죽을 합니다. 그런 다음 물속 약 60cm 깊이에 이 혼합물을 쌓습니다. 사향쥐가 반죽한 혼합물을 물속에 계속 쌓으면서 기초가 튼튼해지고 더미가 점점 물위로 올라오게 됩니다. 처음엔 둥근 모양의 진흙더미가 물 밖으로 간신히 고개를 내밀었다 싶던 것이 사향쥐가 계속 작업을 하면서 어느덧 높이가 물위로 60~150cm나 됩니다.

진흙더미를 만든 다음 사향쥐는 그 속에 굴을 만듭니다. 굴 입구를 물속에 만들기 위해서 사향쥐는 다이빙을 해서 물 바닥까지 내려갑니다. 그런 다음, 쌓여 있는 진흙더미를 좌우로 밀어 헤치고, 나무줄기 등이 있으면 그것을 앞발로 잡아 날카로운 이빨로 잘라내면서 굴 입구를 만듭니다. 물속에서 시작되는 사향쥐의 굴은 보통 물표면 위까지 이어집니다. 그리고 물표

사향쥐의 섬 집

면 위쪽에 폭이 넓은 공간을 만드는데, 이곳이 거실입니다. 이렇게 만들어진 거실은 폭이 30cm 정도 되고, 집주인이 다니기에 충분할 정도의 높이가 됩니다. 사향쥐는 거실에서 외부로 통하는 비밀 통로를 한두 개 더 만듭니다.

안전한 피난처

사향쥐가 물 한가운데 만든 '섬 같은 집'은 뭍에 있는 동물들이 공격해올 수 없기 때문에 휴식을 취하고 새끼를 기르는 데 안성맞춤입니다. 게다가 굴로 통하는 입구가 물속에 있어서 주로 물표면에서 살아가는 수달이나 밍크도 여간해선 굴 입구를 찾을 수 없습니다. 만약 위험한 적이 굴 안으로 들어온다고 해도 이 집주인은 비밀통로를 통해

사향쥐가 나뭇잎과 잔가지. 진흙 등을 이용해서 집을 짓고 있습니다.

재빠르게 도망칠 수 있습니다. 사향쥐의 집은 안전뿐 아니라 추위를 막는 데도 제격입니다.

알래스카나 캐나다 북부지역같이 추운지역에 사는 사향쥐에게 이런 집은 겨울 피난처의 역할을 합니다. 30cm 이상 되는 흙더미에 싸여있는 이들의 거실은 바깥보다 따스합니다. 흙더미가 차가운 공기를 막아주고, 체온으로 따뜻해진 공기가 밖으로 빠져나가지 않고 유지되기 때문입니다.

숨쉬기 장소

사향쥐가 만든 집 자체가 먹이가 될 수도 있습니다. 먹을 것이 귀해지면 사향쥐는 흙더미 벽에 있는 식물들을 갉아먹습니다. 그렇다고 집 벽을 모두 먹어버릴 수는 없습니다. 다 먹어버리면 집이 없어질 테니까요.

날씨가 추워져 집 주변에 있는 물이 모두 꽁꽁 얼어버리면 사향쥐는 물 밖으로 나올 수 없게 됩니다. 먹이를 구하기 위해서는 물속에서 다닐 수밖에 없습니다. 그런데 때때로 집에서 멀리까지 나가는 경우도 있습니다. 문제는 물표면이 얼음으로 덮여 있기 때문에 숨을 쉴 수가 없다는 것입니다. 숨을 못 쉬면 집으로 돌아오기 전에 숨이 막혀 죽을 수도 있습니다. 영리한 사향쥐는 이런 위험에 빠지지 않기 위해

물 가운데 군데군데 작은 섬같이 생긴 일종의 '숨쉬기 장소'를 마련해놓았습니다. 숨쉬기 장소라고 해서 특별하게 만든 것은 아니고 물위에 걸려 있는 식물더미나 수생식물들이 '뗏목'처럼 모여 있는 곳입니다. 물표면이 얼어 숨쉬기가 어려워지면 사향쥐는 이들 뗏목 아래로 수영을 해서, 식물들 사이로 고개를 내밉니다. 숨을

섬 집의 비밀 탈출구

쉬기 위해섭니다. 때때로 뗏목 위로 올라와서 식사하기도 합니다. 그러나 이런 숨쉬기 장소는 매우 위험합니다. 왜냐하면 사향쥐를 노리는 천적들은 이것을 잘 알고 있기 때문입니다. 이런 장소는 적들에게 쉽게 발견될 수 있습니다. 올빼미나 매, 다른 맹금류가 빠르게 내려와서 사향쥐를 얼음 위에서 낚아채어 그들의 저녁식사거리로 삼을 수 있기 때문입니다. 숨쉬기 장소에 덤불이 무성해서 밖에서 잘 보이지 않으면 훨씬 안전할 것입니다. 사향쥐는 자신의 안전을 위해서 이런 장소를 더 좋아합니다. 여기서 사향쥐는 쉬고, 공기도 마음껏 들이마시고, 배가 고플 때에는 그곳의 식물을 갉아먹으며, 춥고 먹이를 찾기 어려운 겨울을 나게 되는 것입니다.

특별 먹이저장소

아주 추운지역에 사는 사향쥐는 때때로 '특별 먹이저장소'를 만들기도 합니다. 물이 얇게 얼기 시작하면 사향쥐는

특별 먹이저장소　　　　　　　　쌓인 눈　　　침실

얼음　　　　　물속입구

사향쥐가 만든 '특별 먹이
저장소'

이것을 만들기 시작합니다. 먼저, 사향쥐는 살얼음이 언 부분을 갉아서 구멍을 만들고 구멍 주변에 식물들을 쌓아 놓습니다. 그리고 물속으로 들어가 구멍을 통해서 식물더미 속으로 기어 올라가 공간을 만듭니다. 즉 사향쥐는 구멍을 통해서 물속에서 작은 묘지같이 생긴 아늑한 공간으로 들어갈 수 있게 됩니다. 날이 추우면 물과 위에 쌓은 식물더미들이 꽁꽁 얼어붙고 맙니다. 이런 집은 사향쥐에게 중요한 역할을 합니다. 사향쥐가 자신의 본거지인 '둥지'에서 멀리 떨어져 있을 때 안전한 피난처 역할을 합니다. 이 피난처는 차가운 공기를 막아줄 뿐 아니라, 표면이 얼어붙은 물속으로 통하는 구멍이 있기 때문에 사향쥐가 물속에 있는 동안 얼음판에 갇히지 않도록 해줍니다.

사향쥐가 만든 굴

사향쥐가 모두 습지나 연못, 늪에 사는 것은 아닙니다. 천천히 흐르는 강이나 하천에서 사는 것도 있습니다. 이렇게 물이 흐르는 곳에 사는 사향쥐는 흐르는 물 때문에 물 가운데 섬 집을 만들 수 없습니다. 이럴 때에는 물 가장자리

둑에 굴을 파고 삽니다. 이런 굴을 만들기 위해 사향쥐는 물속으로 들어가 진흙으로 된 둑에 구멍을 파기 시작합니다. 안에서 보면 물에서 둑 속으로 비스듬히 굴을 파는데, 굴 끝이 물표면보다 높아질 때까지 팝니다. 그리고 굴 맨 끝부분에 방을 만듭니다. 이것이 사향쥐의 집입니다. 어떤 사향쥐의 집은 굴의 길이가 10m가 넘는 경우도 있습니다.

물 가운데 '섬 집'을 만드는 사향쥐도 날씨가 따뜻해지면 이런 굴을 만들어 살기도 합니다. 왜냐하면 때때로 봄에 눈이 녹으면서 사향쥐의 '섬 집'을 훼손하거나 완전히 파괴할 수도 있기 때문입니다.

6장
오두막 건축가,
대형유인원

쯧쯧! 불쌍해라
그렇게 비를 쫄딱 맞다니!

유인원이란 어떤 동물인가?

침팬지·고릴라·오랑우탄·긴팔원숭이 등을 묶어서 유인원이라고 부릅니다. 사람과 마찬가지로 다른 원숭이 무리와 다르게 꼬리가 없습니다. 유인원은 몸의 구조와 형태, 임신 기간, 새끼 수, 혈액형과 질병, 유전자의 구조 등이 사람과 비슷합니다. 그래서 사람들은 유인원과 사람을 묶어서 '사람상과'라는 이름으로 부르기도 합니다. 더 범위를 넓혀 '영장류'라고 할 때도 있습니다. 이 가운데 침팬지, 고릴라, 오랑우탄 세 종류는 다른 유인원보다 몸집이 크고 진화적으로 더 가깝습니다. 그래서 이들을 따로 '대형유인원'이라고 부르기도 합니다. 이들은 대부분 동남아시아의 보르네오나 수마트라(섬), 또는 중앙아프리카나 마다가스카르(섬)과 같이 아시아와 아프리카의 더운 지방에서 삽니다. 이들은 열매나 식물을 주로 먹지만 침팬지는 때때로 다른 동물을 사냥하기도 합니다.

영장류 중 가장 몸집이 큰 고릴라는 땅위에서 보내는 시간이 많고, 긴 팔과 손마디 바깥 면을 이용해 땅을 짚으며 걸어 다닙니다. 침팬지는 나무에서 지내는 시간이 더 많지만, 땅위를 돌아다닐 때는 고릴라같이 손마디 바깥 면을 이용해 땅을 짚고 네발로 다닙니다. 땅위를 두발로 걸어 다닐 수 있는 영장류는 사람밖에 없습니다. 그래서 학자들은 이 점을 사람의 특징 가운데 하나라고 합니다.

아프리카 열대지역에 사는 고릴라는 수컷의 몸무게가 250kg 정도지만 300kg 이상 나가는 것도 있습니다. 가족은 환경에 따라 그 크기가 달라지나, 보통은 한 마리의 수컷과 두세 마리의 젊은 수컷, 그리고 여러 마리의 암컷과 새끼들이 집단을 이루고 삽니다. 고릴라는 부끄러움이 많고 아주 순한 동물입니다.

침팬지는 생김새뿐 아니라 유전적으로도 사람과 가장 가까운 동물입니다. 과학적 의미에서 보면 침팬지는 고릴라보다도 인간에 훨씬 가깝습니다. 침팬지는 보통 다섯 마리 안팎의 수컷과 이보다 많은 수의 암컷이 새끼들과 함께 생활합니다. 그러나 상황에 따라 그 수는 변합니다.

보르네오와 수마트라 숲 속에 사는 오랑우탄은 '대머리가 된 어린아이'처럼 생겼습니다. 오랑우탄 수컷은 짝짓기 철이 아니고는 주로 혼자 살아가지만, 암컷들은 새끼들과 함께 삽니다. 수컷은 몸무게가 130kg 이상 나갑니다.

방랑하는 대형유인원

대형유인원이 둥지를 만드는 일은 일상적인 행동입니다. 이것은 대형유인원의 생활과 밀접하게 연관되어 있습니다. 대형유인원들의 사회를 연구해온 과학자들 덕분에 이들이 하루하루를 어떻게 보내는지에 대해 우리는 많은 것을 알게 되었습니다. 침팬지는 보통 4마리에서 14마리(평균 8마리 정도)가 집단을 이루며 살아갑니다. 아프리카 우간다에 사는 고릴라는 약 $2.5km^2$ 내에 보통 3~4마리가 사는 것으로 알려졌습니다. 이 고릴라들은 매일, 그리고 계절에 따라 이곳저곳으로 옮겨 다닙니다. 방랑자입니다. 어떤 고릴라는 하루에 10km 이상을 이동하기도 했습니다. 그렇다고 아무 곳이나 마구 쏘다니는 것은 아닙니다. 대체로 정해진 영역 안에서 돌아다닙니다. 마운틴고릴라에 대한 연구로 그들의 영역 안에서도 특별히 좋아하는 장소가 있다는 것을 알게 되었습니다. 오랑우탄도 마찬가집니다. 이들이 이동을 하는 주요한 이유는 먹이를 구하는 것인데, 어쨌든 매일 밤을 다른 장소에서 보냅니다. 그래서 매일 밤 적어도 하나 이상의 집을 지어야 합니다. 이들이 둥지를 만드는 일은 아주 일상적인 일입니다.

둥지 만들기

나뭇가지에 만든 침대

많은 종류의 동물이 높은 나무위에서 살고 잠을 자지만, 침팬지는 거기다 침대까지 만듭니다. 침팬지는 침대에서 편안하고 안전하게 잠을 잘 수 있습니다. 침팬지의 집은 어른이 그 위에 누어도 충분할 만큼 튼튼합니다. 침팬지의 보금자리는 땅위 4.5m에서 아주 높을 때는 24m에 이르기도 합니다. 여러분은 침팬지가 매우 영리한 동물이기 때문에 아주 복잡한 집을 지을 것이라고 생각할지도 모릅니다. 그러나 그렇지 않습니다. 침팬지의 집짓기는 3단계로 끝납니다. 그리고 집을 다 짓기까지 5분이면 됩니다. 첫 번째 단계는 집지을 장소를 찾는 일입니다. 침팬지들은 보통 Y자형으로 되어 있는 튼튼한 나뭇가지나 굵은 줄기로부터 여러 개의 작은 가지들이 갈라지는(포크형) 지점을 잠자리

Y자형 큰 줄기에 만든 침팬지의 둥지

로 정합니다. 잠잘 장소가 정해지면 침팬지는 잔가지들을 손과 발을 사용하여 아래로 구부려서 Y자형이나 포크형 지점위로 끌어당깁니다. 어떤 때는 이렇게 끌어들인 잔가지 더미만으로 충분한 잠자리가 되지만, 때에 따라서는 가지들을 함께 엮어서 보다 편안한 잠자리를 만들기도 합니다. 마지막 단계는 침대를 부드럽고 편안하게 만드는 일입니다. 잠자리 주변에 거추장스럽게 삐져나온 나뭇잎이나 잔가지들을 밀어내면서 잠자리를 다듬습니다. 때때로 침팬지는 훨씬 더 편안한 집을 만들기 위해서 나뭇잎이나 나뭇가지 한 움큼을 둥지에 얹기도 합니다.

암컷 침팬지가 야자수 꼭대기에서 둥지를 만들기 시작합니다.

여러 개의 나무줄기를 잘 고정이 되도록 서로 엮습니다.

어린 침팬지는 매일 밤, 엄마가 만든 둥지에서 엄마와 함께 보냅니다. 침팬지는 태어난 지 10개월쯤 되면 자신의 둥지를 만들기 시작합니다. 그러나 아직 자신이 만든 둥지에서 자는 것은 아니고 놀이삼아 둥지를 만들어보는 것입니다. 이런 과정을 통해서 어린 침팬지는 둥지를 정교하게 만드는 방법을 배우게 됩니다. 해가 갈수록 더 잘 만들게 되고, 4∼5살이 되면 자신의 둥지를 아주 능숙하게 만들 수 있습니다.

비도 오지 않고 날씨가 좋을 때는 침팬지의 둥지에 지붕이 없더라도 잠 자는 데 아무 문제가 없습니다. 그러 나 비가 내리는 밤에는 비참해집니 다. 머리는 앞으로 푹 숙이고 다리는 가슴까지 바짝 끌어당기고, 팔로는 다리와 몸을 감싸 안은 채로 내리는 비를 고스란히 맞아야 합니다. 침팬 지들은 비를 싫어하지만, 잠자리가

비가 내리는 밤에는 머리를 푹 숙이고 다리는 바짝 끌어당 기고, 팔로는 다리와 몸을 감싸 안습니다.

비에 젖는 것을 막을 방법은 없습니다. 비가 그치고 둥지가 마를 때까지 기다리는 수밖에 별 수가 없는 것입니다.

그런데 오랑우탄은 침팬지와 비슷한 형태의 둥지를 만들 지만, 비가 오기 시작하면 머리 위에 있는 나뭇가지로 기어 올라가 둥지의 지붕역할을 하게 될 두 번째 둥지를 만듭니 다. 이 영리한 건축가는 지붕을 다 만든 후에 자신의 침대로 돌아와서 편안히 잠자리에 듭니다. 비가 와도 그들의 잠자 리는 마른 상태를 유지할 수 있습니다.

둥지 만드는 재료

둥지를 만드는 재료가 다른지 알아보기 위해 동물원에서 자란 침팬지와 야생 침팬지를 비교해보았습니다. 연구결과 동물원에서 자란 침팬지는 모직 담요, 플라스틱 호스 같은 재료를 좋아하고, 야생에서 자란 침팬지는 잔가지, 나뭇잎,

풀 등을 좋아한다는 사실을 알게 되었습니다. 그러나 주어진 환경에 따라 둥지를 만드는 재료는 쉽게 변했습니다. 변하는 환경에 적응을 하는 것입니다. 침팬지들이 똑같은 재료만을 사용해야 하는 상황이 되면 여러 가지 재료를 이용할 수 있는 야생에서처럼 복잡한 구조의 집을 만들지는 못하겠지요. 그러나 중요한 것은 둥지에 사용하는 재료를 고르는 데 그렇게 까다롭지 않다는 것입니다. 사는 장소에

침팬지는 보통 큰 가지가 나눠지는 부분에 둥지를 틉니다.

따라 재료는 달라질 것입니다. 주변에 쓸 만한 물건이 있으면 그것을 이용해서 둥지를 만듭니다. 오랑우탄은 둥지를 만드는 데 때때로 돌을 사용하기도 하고, 사람이 집짓는 것과 비슷하게 나뭇조각을 겹겹이 쌓아올리기도 합니다.

낮에 지은 둥지, 밤에 지은 둥지

둥지는 잠을 자기 위해서만 만드는 것이 아닙니다. 낮에도 둥지를 만듭니다. 그래서 언제 둥지가 만들어졌느냐에 따

라, '낮 둥지' 또는 '밤 둥지'라고 부릅니다. 낮 둥지는 잠에서 깨어나 잠깐 휴식을 취한 다음, 대개 땅위에 만듭니다. 그곳에서는 낮잠을 자거나 식사를 합니다. 밤에 잠을 자기 위해 만드는 '밤 둥지'는 저녁에 만듭니다. 밤 둥지 만드는 것을 직접 관찰하기는 어렵지만, 조용한 숲 속에서 나뭇가지가 꺾이거나 부러지는 소리가 들리면 둥지를 짓고 있다는 것을 알 수 있습니다. 침팬지는 저녁식사를 한 자리 바로 옆에 잠자리 만들기를 좋아합니다.

나뭇가지를 엮어 기반을 만든 다음, 그 위에 잔가지와 나뭇잎을 얹어 편안한 잠자리를 만듭니다. (Goodall 1963)

그러나 침팬지들이 만드는 둥지는 밤잠이나 낮잠을 자는 데만 쓰이는 것이 아닙니다. 둥지는 어미가 새끼를 키우는 장소가 되기도 하고, 드물긴 하지만 일종의 '병상' 역할을 하기도 합니다. 침팬지를 오래 연구한 구달(Jane Goodall) 박사는 소아마비에 걸려 절뚝거리는 침팬지가 둥지를 이리

저리 옮겨 다니는 것을 볼 수 있었다고 합니다. 어떤 관찰기록에는 사냥꾼에게 공격을 당해 상처를 입은 침팬지들이 나무위에 둥지를 만들고는 그곳에서 피를 흘리다 결국 둥지 속에서 숨을 거두었다는 슬픈 이야기가 있습니다. 둥지에서 짝짓기를 하는지는 아직 확실하지 않지만, 서로 좋아하는 짝은 서로 가까운 곳에 둥지를 만들기도 합니다. 그런가 하면 둥지를 약탈하는 강도도 있습니다. 구달 박사는 '골리앗'이란 이름을 가진 수컷이 암컷을 밀어내고, 암컷이 방금 만들어 놓은 둥지를 가로채는 광경을 목격했습니다. 그 암컷은 분명히 화가 났겠지만 하는 수 없이 새로 둥지를 만들어야만 했습니다. 둥지에는 또 하나의 기능이 있습니다. 둥지가 새끼들에게 장난감이 되기도 합니다. 새끼들은 덤불이나 나무위에 만든 둥지를 갖고 놀면서 둥지 만드는 법을 배우게 됩니다.

둥지의 흔적

대형유인원은 이동해 다니며 매일 새로운 잠자리를 만드는데, 눈 위를 걸어가면 발자국이 남듯이 이들이 만든 둥지는 그대로 흔적이 남아 있습니다. 사람들이 이 둥지를 보면 그곳에 둥지를 만든 적이 있다는 것을 한눈에 알아볼 수 있습니다. 둥지는 대부분 나무가 많이 모여 있는 곳에서 발견이 잘 되고, 한 나무에서 둥지의 흔적이 13개까지 발견된 예도 있습니다. 같은 무리의 유인원이 같은 나무에 둥지

를 만드는 것은 아니지만 서
로 가까운 거리에 둥지를 만
듭니다. 그들은 자신이 살고
있는 영역 내에서도 좋아하
는 장소가 따로 있습니다. 이
런 장소에 둥지를 자주 틉니
다. 보통은 이런 장소에서 2
개월쯤 살다가 다른 곳으로
옮겨갑니다.

어린 오랑우탄이 야자수
꼭대기에서 둥지를 만들
고 있습니다. 두발은 이
미 구부려 놓은 큰 가지를
누르면서, 손에 쥔 잔가
지를 큰 가지 사이사이에
밀어 넣고 있습니다.
(Brindamour 1975)

연구에 따르면 유인원들이
만든 둥지는 사람에게만 '아! 이곳이 침팬지가 둥지를 만들
었던 곳이구나' 하는 정보를 주는 것이 아니라, 유인원 자신
에게도 정보를 준다고 합니다. '내가 이곳에 둥지를 튼 적이
있지' 하고 말입니다. 이들은 지난 둥지를 보고 자신이 속한
집단이 만든 것인지, 아니면 다른 집단이 만든 것인지, 또는
오래 전에 만든 것인지, 얼마 되지 않은 것인지도 식별할
줄 안다고 합니다. 이런 능력은 유인원들이 시간과 장소를
인식할 수 있고, 자신의 구성원을 정확히 알고 있다는 과학
적인 증거가 되기 때문에 학문적으로 중요한 의미를 갖고
있습니다. 어떻게 자신이 만든 것과 다른 집단이 만든 둥지
를 구분할 수 있을까요? 그들은 땅이든 나무든 자신이 만든
둥지의 형태와 특징, 그리고 둥지를 만들 때의 주변 경치와
공간적인 관계 등을 기억하고 있는 것일까요? 아직 정확하

게 밝혀진 것은 없습니다.

중앙아프리카에서 살고 있는 마운틴고릴라의 서식처에 대한 연구는 매우 흥미로운 사실을 말해주고 있습니다.

침팬지가 만든 둥지의 기반 모양 — 나뭇가지를 서로 엮은 모습이 보입니다.

이들은 넓은 지역에 퍼져 살고 있습니다. 따라서 이들이 사는 장소에 따라 기후와 식물의 분포, 자연환경이 매우 다릅니다. 여러 집단이 다른 환경에서 무리를 지어 살아갑니다. 사람들이 각기 일정한 지역에서 씨족을 구성하고 살았듯이 말입니다. 그런데 흥미로운 것은 고릴라 집단마다 둥지를 만드는 형태와 과정에 차이가 있었고, 그들의 몸과 행동에도 집단마다 차이가 있다는 점입니다. 이들 유인원이 살고 있는 환경이 그들의 몸과 행동의 진화에 영향을 주고 있는 것입니다. 말하자면 지역에 따라 그들 나름대로 전해져 내려오는 관습과 전통이 있다는 것입니다. 연구자들은 고릴라의 몸놀림과 여러 가지 행동만 보고도 이 고릴라가 어느 지방 출신인지를 구분해낼 수 있다고 합니다.

침팬지의 땅위 둥지가 말해주는 것

유인원이 둥지를 만드는 데 사람처럼 도구를 사용하지는 않습니다. 유인원들은 또한 사람들의 집처럼 오랫동안 살집을 짓는 것도 아닙니다. 그래도 많은 과학자들은 이들이 지은 둥지, 특히 땅위에 지은 둥지와 원시인류가 살았던 집 사이에 어떤 관련성이 있지 않을까 연구를 계속하고 있습니다. 왜일까요?

사람들이 대형유인원이 만든 둥지에 관심을 갖게 된 것은 꽤 오래된 일입니다. 특히 아프리카를 자신의 식민지로 만들었던 나라의 선교사·사냥꾼·식민지 관리들은 사람과 비슷하게 생긴 유인원과 그들의 행동에 깊이 빠져들었습니다. 이들이 열대에 들어가 보니, 그곳 원주민 가운데도 유인원처럼 나무위에 집을 짓고 사는 사람들이 있었습니다. 그러나 과학적이고 체계적인 연구는 동물학자가 가세하고, 안타까운 일이긴 하지만 야생의 동물들을 대량으로 잡아서 유럽의 동물원에 가둬놓고 관찰을 하기 시작하면서부터 가능했습니다. 처음에 동물학자들은 이들의 건축 행동을 다른 포유류나 조류가 만드는 둥지 정도로 생각했습니다. 고정적인 행동, 다시 말하면 정해진 순서에 따라 자동적이고 반복적으로 일어나는 행동 정도로 보았습니다. 그래서 이름도 '둥지'라고 붙였습니다.

원시인류가 살던 동굴

　　그러나 연구가 계속 진행되면서, 이들의 둥지 만들기가 그렇게 단순하지 않다는 것과, 이들의 행동이 주변 환경에 수동적으로 적응만 하는 것이 아니라 그들 자신의 필요에 따라 주변에 있는 조건들을 요령 있게 바꾸어 간다는 것을 알게 되었습니다. 어떤 영장류 학자는 대형유인원이 집 만드는 기술을 '건축술'이라 하고 둥지는 하나의 '건축 창작물'로 보았습니다. 그는 대형유인원의 둥지 만드는 행동이 그들을 다른 동물들과 구분하게 만드는 특징이고, '손'의 진화에 영향을 미쳤다고 주장하였습니다. 그러나 과학자들은 아직 대부분의 유인원이 만드는 둥지는 인간이 만드는 집과는 근본적으로 차이가 있는 것으로 보고 있습니다. 다만 이전과 달라진 점이 있다면, 유인원의 둥지 만들기가 원시인류의 집짓는 행동과 진화적인 관련성이 있지 않을까 하는 의구심을 갖기 시작했다는 것입니다. 진화적으로 볼 때 인간과 유인원이 같은 조상을 갖고 있기 때문에 이들의 행동 사이에도 깊은 관련이 있을 것이라고 생각하기 시작한 것입니다. 그러나 이때까지만 해도 유인원의 둥지 만들기를 인간의 집짓기와 비교하기보다는 이들의 행동을 다른 척추 동물의 행동 범주 안에 넣고 그들의 행동과 비교하였습니다. '관련은 있지만 다르다', 이 가운데 '다르다'에 무게중심이 있었습니다. 이런 생각의 바탕에는 인간은 아주 오래 전에 다른 유인원 무리(침팬지나 고릴라, 오랑우탄)와는 진화적으로 다른 길을 걸어왔다는 잘못된 믿음이 자리하고 있었습니다. 참고로 현대과학은 침팬지와 인간의 유전자 구성에 거의 차이가 없을 뿐 아니라^(유전자가 98%이상 같습니다), 그 유전적 차이도 침팬지와 고릴라의 차이보다 적다는 것을 증명하고 있습니다.

동굴에 살던 원시인류의
모습

나무줄기를 엮어서 만든 원시인류의 집

실험실이나 동물원에 갇혀 있는 동물 연구만으로는 한계가 있다는 것을 깨달으면서 유인원 연구에 하나의 전환점이 마련되었습니다. 많은 과학자가 자연 상태의 유인원을 연구하기 시작했습니다. 야생에서의 연구는 우리에게 많은 것을 새롭게 알려주었습니다. 둥지 만드는 행동이 본능만으로 되는 것이 아니라는 것을 알게 되었습니다. 학습과 모방이 없이는 제대로 된 둥지를 만들 수 없다는 것을 실험적으로 증명하였습니다. 예를 들어 침팬지가 둥지를 만드는 데는 '나이' 즉, 경험이 필요하다는 것을 관찰을 통해 알게 되었습니다. 처음에는 둥지 만드는 것을 보고, 그 다음에는 흉내를 내면서 집짓는 기술을 배우게 됩니다. 어린 침팬지들은 처음에는 장난삼아 집을 만들지만 나이를 먹으면서 점점 정교한 기술을 익혀 나중에는 멋진 집을 만들 수 있게 됩니다. 즉 침팬지가 둥지를 만들기까지는 오랫동안 배우는 과정이 필요하고, 어린 것이 엄마와 떨어져 스스로 둥지를 짓고 잠을 자는 것은 상당한 기술을 축적한 다음에나 가능하다는 것을 알게 된 것입니다. 특히 침팬지나 고릴라가 나무위뿐 아니라 땅위에도 둥지를 만든다는 사실은 많은 것을 생각하게 합니다. 나무위 둥지는 주변의 나뭇가지를 이용해 만들고, 누운 자세로 잠자는 동안 밑으로 떨어지지 않고 안전을 유지하는 데 그 목적이 있습니다.

이들이 살아가는 데 기본적으로 필요한 내용입니다. 그러나 땅위에 둥지를 만들면서 주변에 있는 다양한 재료를 사용하게 되었을 뿐 아니라 이들의 행동에 변화를 가져올 수 있는 가능성이 생겼습니다. 학자들은 인간이 두발로 서서 걷게 되면서 손을 자유롭게 이

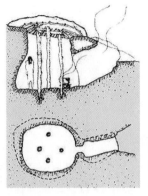

땅을 파고 그 위에 짚이나 풀, 돌로 지붕만 씌운 원시인류의 움집

용할 수 있게 되었고, 손의 자유로운 이용은 도구의 사용이나 두뇌의 발달과 깊은 관련이 있다고 보고 있습니다. 침팬지나 고릴라가 사람처럼 똑바로 서서 걸을 수 있는 것은 아니고, 사람처럼 집을 짓기 위해 도구를 사용하는 것도 아닙니다. 그러나 나무타기, 떨어지지 않기 위해 안전이 중요했던 나무위에서의 생활과, 비록 네발이긴 하지만 이곳저곳을 비교적 자유롭게 걸어 다닐 수 있는 땅위에서의 생활은 차이가 있습니다. 다른 근육을 사용해야 하고, 다른 사물에 접근할 수 있는 정도에 차이가 있습니다. 특히 앞다리의 기능이 훨씬 다양해졌습니다.

유인원이 만든 둥지가 진화적 의미에서 직접 인간이 만든 '집'의 기원이 되었느냐, 또는 이들이 만든 둥지가 원시인류가 만든 건축물과 같은 수준이냐 하는 것과는 별개로, 땅위 둥지 만들기는 이들의 신체적인 적응과 깊은 관련이 있었을 것입니다.

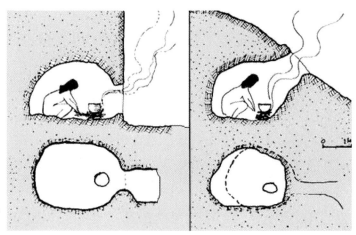

원시인류가 살던 굴속 집
의 모양과 불을 피우던 화
덕의 흔적

침팬지 둥지를 닮은 첫 인류의 집

열대 우림에 살던 다른 유인원의 공동조상으로부터 인류
의 조상이 갈라져 나와 독자적인 길을 걷게 된 데는 자연환경
의 변화가 중요한 작용을 했을 것이라고 믿고 있습니다.
그 가운데 지각의 융기로 생긴 동아프리카 산맥의 형성이
인류 진화에 중요한 영향을 미쳤을 것으로 알려져 있습니
다. 산맥이 형성되면서 아프리카는 열대 우림이 그대로
남아있는 서부와 높새바람 등에 의해 점점 메말라 가는
동부로 나눠지게 되었습니다. 인류의 조상은 이곳에서 드문
드문 열려있는 나무 열매나 식물의 뿌리, 또는 다른 동물이
사냥하고 남은 찌꺼기를 먹으며 어렵게 진화의 첫발을 내디

덮을 것으로 보고 있습니다. 언제부턴가 두발로 걷는 인류만의 특성이 생기기 시작하였으나, 그때까지도 그 외의 부분은 다른 유인원 조상들의 특성을 그대로 갖고 있었습니다. 집짓는 행동 역시 마찬가지였을 것으로 보고 있습니다. 인류가 처음부터 장기간 머무를 '집'을 지은 것은 아닙니다. 굴을 파거나 움막을 만드는 일은 훨씬 많은 에너지와 기술이 필요한 일입니다. 더불어 집을 만든다는 것은 며칠이고 같은 장소에 머물게 된다는 의미가 되는데, 같은 장소에서 안정적인 먹이를 얻게 되기까지 많은 시간이 필요했다고 보고 있습니다. 따라서 이런 거주지가 생기게 된 것은 세련된 도구가 발명되고 집단적인 사냥이 이루어진 후에나 가능한 일이었다고 보는 것입니다. 이들의 거처는 오히려 오늘날의 침팬지나 고릴라의 둥지와 비슷했을 것이라고 인류학자들은 보고 있습니다. 또 매일매일 먹이를 찾아 옮겨 다녀야만 했을 것이기 때문에 그들의 둥지는 항상 '임시거처'에 지나지 않았을 것입니다. 건축학적 의미에서는 눈이나 비, 또는 햇볕을 막을 지붕과 바람이나 추위를 가릴 벽, 그리고 냉기나 습기를 막아 줄 바닥이라는 세 요소를 갖춘 주거시설을 '집'이라고 합니다. 인류가 이런 집을 만들게 된 것은 인류의 진화과정에서 보면 최근의 일입니다. 대체로 학자들은 10,000여 년 전 농경이 시작되면서 이런 집의 형태가 생겨난 것으로 보고 있습니다.

마치는 글

    몇 해 전 더 깊이 있는 거미 공부를 하고 싶어 일본에 한 일년 머문 적이 있습니다. 그곳에 있는 동안 여러 가지 느끼고 깨달은 게 많았습니다. 그 가운데 가장 기억에 남는 한 가지를 말씀드리고 싶습니다. 제가 공부를 하던 곳은 동경대학교였는데, 저는 함께 일하던 교수의 소개로 한 작은 모임에 참가하게 되었습니다. 그 모임은 거미를 좋아하는 사람들의 모임으로 한 달에 한 번 정도 모였습니다. 보통 15명에서 20명 정도가 참가했는데, 그 구성이 참 재미있었습니다. 초등학교 선생님, 중·고등학교 선생님, 가정주부, 나이가 70이 넘은 할머니·할아버지, 대학교수, 대학생, 연구원 등 다양했습니다. 매번 모임마다 자신이 그간 연구한 것을 자연스럽게 발표를 했습니다. 발표 시간이 정해져 있는 것도 아니고 발표

형식이 정해져 있는 것도 아니었습니다. 제가 맨 처음 참가했을 때가 기억납니다. 70살이 넘은 할머니가 두꺼운 안경을 끼고는, 자신의 집 앞마당에 사는 거미가 집을 짓는 과정을 그림으로 그려와서 발표를 했습니다. 저는 일본어를 잘 몰라 얘기를 잘 알아들을 수는 없었지만 그 분의 열정과 관심, 그리고 뭐랄까 깊은 즐거움 같은 것을 느낄 수 있었습니다. 동경대학 교수도 열심히 메모를 하고, 어떤 사람은 그림을 따라 그렸습니다. 발표가 끝난 다음, 질문과 대답에 이어 토론이 벌어졌습니다. 이 모든 것이 저로서는 참 신선한 경험이었습니다. 그런데 더 놀라운 것은, 이 모임이 벌써 17년이나 되었다고 했습니다. 1년에 12번만 모여도 17년이면……. 발표가 다 끝난 다음, 그 집에서 준비한 음식을 나누어 먹었습니다. 참 즐거운 시간이었습니다. 나중에 안 사실이지만, 그 모임에서 연구된 내용이 매년 국제적으로 잘 알려진 유명 잡지에 10여 편 이상 실리고 있었습니다. 선생님들은 방학을 이용해서 동남아, 멀리는 파나마와 남미까지 거미 연구를 하기 위해 여행을 떠났습니다. 어떤 고등학교 선생님은 사진을 찍는 분이셨는데, 그 분이 만든 거미도감을 일본사람들이 가장 많이 본다고 했습니다. 제가 있던 곳의 교수와 학생들도 그 도감을 가장 애용했습니다.

제가 이런 이야기를 장황하게 늘어놓는 까닭은 '일본이 부럽더라, 일본을 본받자'는 데 있는 것이 아닙니다. 결론부터 말씀드리면 우리 나라 사람들도 좀더 행복해졌으면 좋겠고, 행복해 질 수 있는 방법을 알았으면 좋겠다는 것입니다. 일본의 침략과 뒤이은 혼란, 전쟁, 기아, 독재, 하루 자고 나면 달라지는 세상에서 살아남기 위한 변화와 적응……. 이런 험한 세월은 우리에게 마음의 여유와 삶의 즐거움을 빼앗아갔습니다. 그 자리는 생존에 대한 위기의식과 공포, 극심한 경쟁과 편가르기, 저항과 분노 등으로 채워졌습니다. 우리는 자연을 돌아볼 마음도 빼앗기고 여유도 사라져 버렸습니다. 자연이란 그저 지친 몸을 잠시 쉬고 다시 떠나야할 '의자'같은 것에 불과했습니다. 그곳에 누가 어떻게 사는지는 관심 밖의 일이었습니다. 짧게 보면 50년, 길게 100여 년을 그런 '전쟁' 같은 시간들 속에서 대부분의 사람들은 살아왔습니다. 그 힘겨운 여행 속에서 우리들의 몸과 마음은 딱딱하게 굳어있고, 마음은 생존에 대한 치열한 본능으로 가득 차 있습니다. 행복하게 사는 것이 무엇인지를 묻는 것은 한가하고 사치스런 것처럼 느껴지기도 합니다.

저는 그 힘든 세월을 버티고 이겨온 우리들이 이제 행복해질 권리와 자격이 있다고 굳게 믿습니다. 그리고 빼앗긴 나라를 찾아 이만큼 다시 세운 것처럼 우리들의 빼앗긴 마음의 여유와 평화를 되찾아야 한다고 생각합니다. 문제는 방법입니다. 행복은 잃기는 쉽지만, 다시 행복해지기는 어려운 것 같습니다. 사랑에 기술이 있듯이 행복해지기 위한 '기술'이 필요합니다. 일본 사람들이 별것도 아닌 거미를 보면서 키득키득 거리며 즐거움을 찾는 것처럼, 사소하지만 생활 속에서 별것도 아닌 일을 갖고 행복해질 수 있는 '행복거리'를 찾는 것이 중요합니다. 그것이 우리 마음을 되찾게 하고 즐거움을 줄 수 있는 일이라면 그것이 거미면 어떻고, 물속에 있는 돌조각이면 어떻습니까? 별것도 아닌, 그냥 스쳐지나갈 뿐이었던 새둥지를 바라보면서, 거미가 집을 짓는 것을 바라보면서 신기해하고 즐거워 할 수 있다면 우리는 그만큼 행복해질 수 있는 것 아닐까요? 싸워서 이기고, 돈 많이 벌고, 유명해져서 얻을 수 있는 행복이, 일본에서 만난 70된 할머니처럼 자기집 마당에 사는 거미가 집을 짓는 것을 보면서, 또 그걸 누군가에게 얘기하면서 얻는 행복보다 더 큰 것이라고 누가 감히 말할 수 있겠습니까? 이 책이 행복을 찾는 사람들에게 작은 실마리가 되었으면 좋겠다는 바람을 가져봅니다.

글쓴이